たまさんちのホゴイヌ
2

tamtam《タムタム》

私は当然のことのように
幼い頃から
そう教わってきました
命を大切にしなさい
ふと疑問に思った私は
そもそも「命」って何なんだろ
うーん…
急にどーした
辞書で調べましたが
命…生物が生きていくためのもとの力となるもの。生命。
むっ
結果、さらに
よくわからなくなりました
お手上げ〜
言葉ってむずかしっ
ずっと教わってきた
はずなのに、
何も理解していなかった私に
わんっ
その言葉の意味を
教えてくれたのは
言葉を持たない
彼らでした
この本にはメインとなる
四匹の「犬」と
そこに携わる「人」が
登場します
たまさんちのホゴイヌ
TamTam
2
畑に捨てられていた
寝たきりの老犬
『福くん』

はじめに

妊娠した状態で保健所に収容された『ふうちゃん』
「笑える介護」を教えてくれたかいちゃん通称『お爺』
Z z
差し伸べられた手に噛みつき拒んだ『はまじぃ』
ヴーッ
そして彼らに寄り添い向き合った多くの人達
一枚の写真を並べただけじゃ伝わらないから
私はペンを手に取り描こうと思いました
それぞれの命が繋いできた「物語」を
そこにある確かな「温もり」を
たくさんの想いがどうか皆さんに届きますように

もくじ

本書は、これまでSNSに投稿された作品を加筆・修正し、描きおろしを加えたものです。

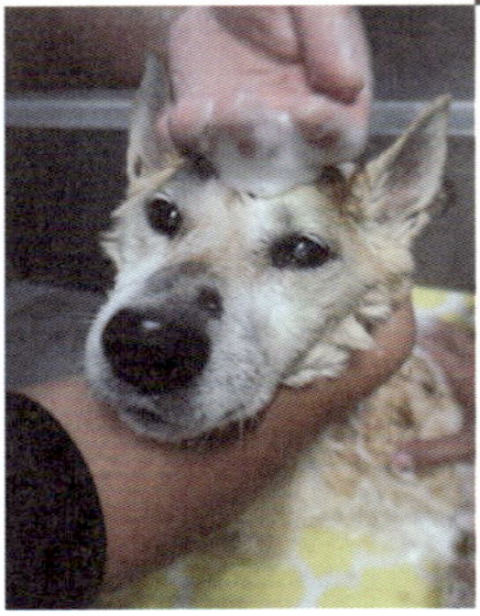

福くん

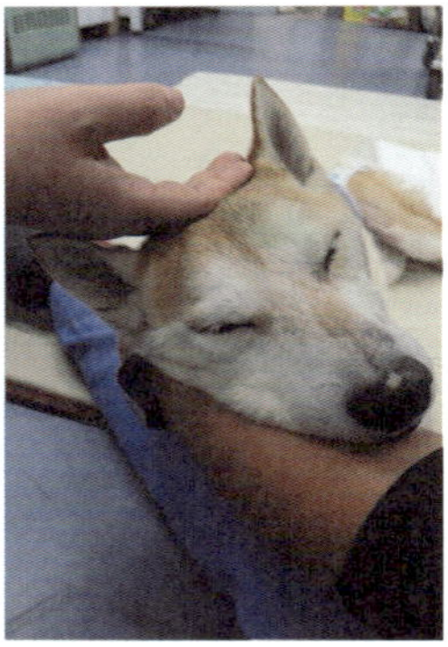

ふうちゃん

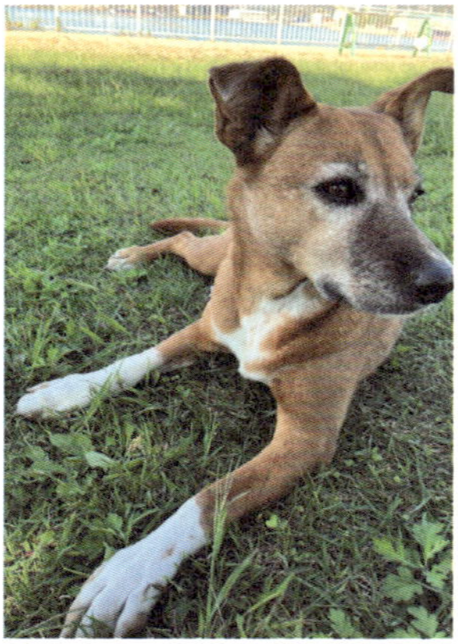

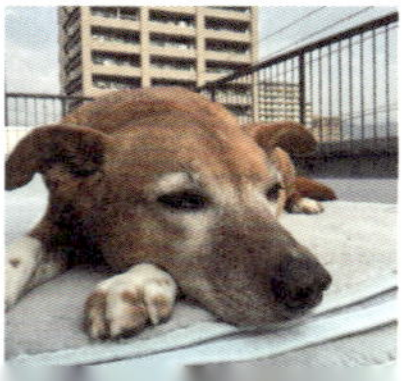

CHAPTER 1

福くん

» 「看取る」ということ

「看取る」ということ ①

ある日、
柵に囲まれた畑の中で
1匹の犬が発見された
弱りきって
立つことすら
ままならない老犬
ヨロ…
その老犬は
長崎県佐世保市にある
佐世保市動物
愛護センターへ
移送された

こんな状態で保護された
老犬に待ち受ける運命
もしかしてコロ…!?
皆さんは
想像できますか？
きっと
暗く冷たい檻《おり》の中で
質の悪いフードを
与えられて…
ハッ
管理番号で呼ばれ、
最後には殺処分
されるんだろう
ああ…なんてこと…
もしかしたら
もしかして
そう思っている方は
いませんか？
えっ
ちがうの？

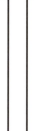

「看取る」ということ
②
その老犬に
用意されたのは
暗く冷たい檻ではなく
怪我をしないように
工夫が凝らされた
暖かな酸素室だった
その老犬に
用意されたのは
雑に置かれた
フードではなく
飲み込みやすいように
工夫されたペースト状の
ごはんだった
No 453
付けられたのは
管理番号だけではなく
『福くん』という
新しい名前だった
「看取る」ということ
③

去年、初めてセンターを訪れた
こんにちは!!
笑顔がまぶしい…
愛護センターは犬や猫を殺処分する場所だという認識がこの国にはまだある
ここにはドッグランがあるんです
すごい!!
もちろんこのセンターも殺処分がゼロというわけではない
この子最初は手に負えなかったんですよ
ほう!
でも普段職員さんがどんな風に接しているかなんて彼らの目を見れば一目で分かる気がした
言葉を話さない犬や猫だからこそ
彼らの表情や行動は決して嘘をつかない
職員さん達の触れる手はとても優しくてその眼差しは温かくて
そこで暮らす犬や猫達はとても穏やかだった
そして、そこで出会ったのが寝たきりで生活する福くんだった

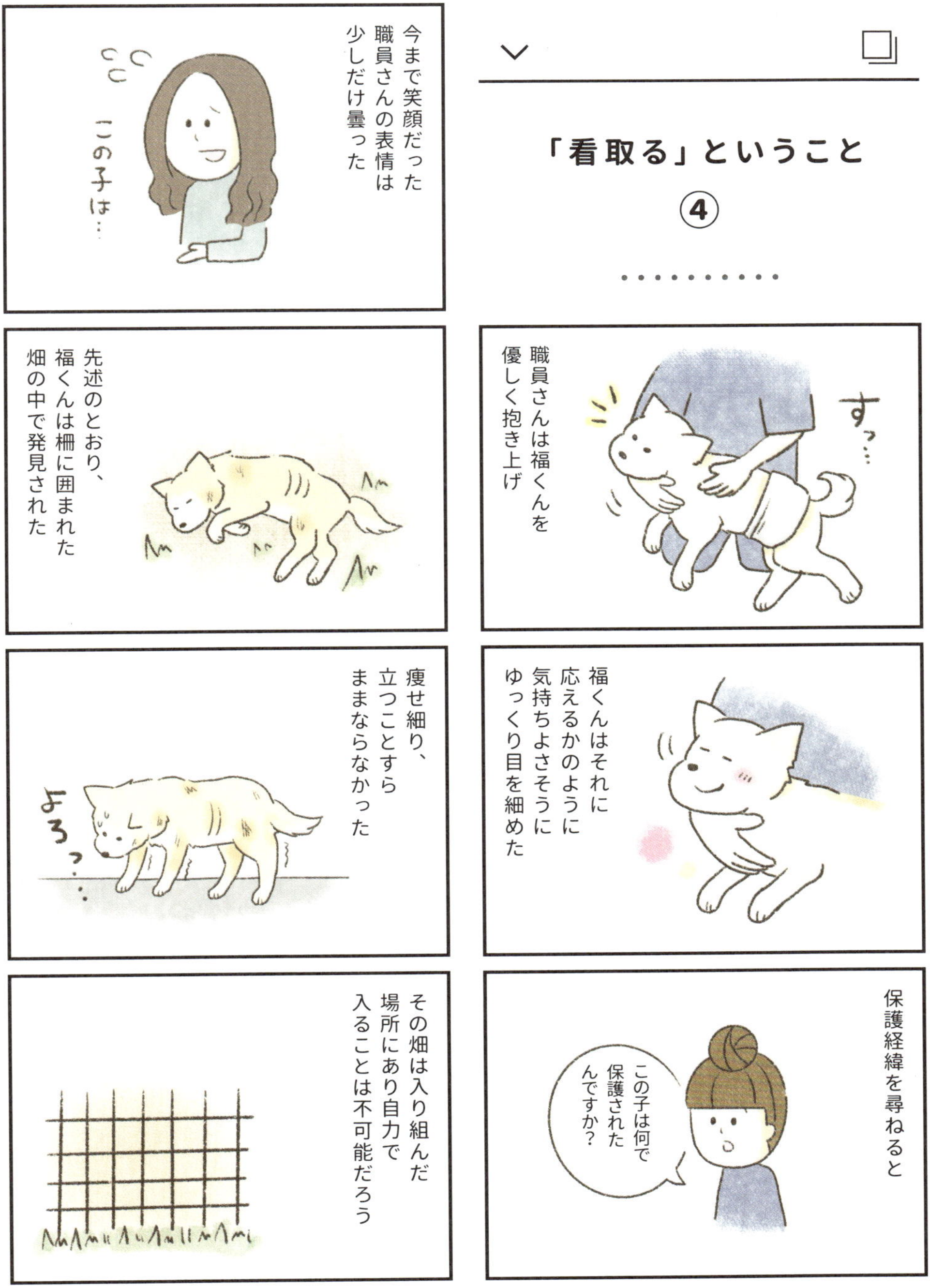
「看取る」ということ
④
職員さんは福くんを優しく抱き上げ
すっ…
福くんはそれに応えるかのように気持ちよさそうにゆっくり目を細めた
保護経緯を尋ねると
この子は何で保護されたんですか？
今まで笑顔だった職員さんの表情は少しだけ曇った
この子は…
先述のとおり、福くんは柵に囲まれた畑の中で発見された
痩せ細り、立つことすらままならなかった
よろっ…
その畑は入り組んだ場所にあり自力で入ることは不可能だろう

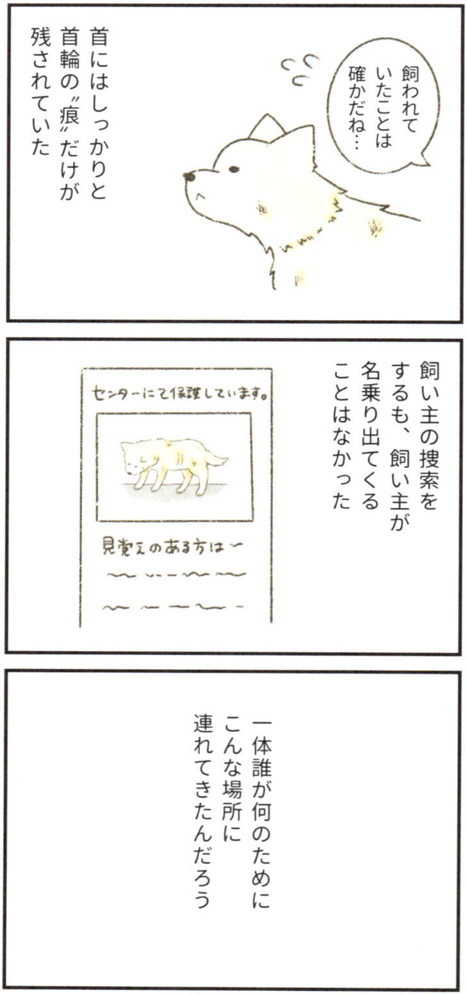
飼われていたことは確かだね…
首にはしっかりと首輪の〝痕〟だけが残されていた
飼い主の捜索をするも、飼い主が名乗り出てくることはなかった
センターにて保護しています。
見覚えのある方は〜
一体誰が何のためにこんな場所に連れてきたんだろう

「看取る」ということ ⑤

10年以上前、私は自分が初めて保護した犬のことを思い出した
よろっ…
その日は、道路の真ん中で謎の渋滞が起きていて
?
道の真ん中で老犬がふんばっていたのがその渋滞の原因だった
OMG
近くに飼い主がいる様子もなかったので
キョロ
スッキリじゃのう…

迷子になっている
可能性もあるだろうから
警察や保健所に
届出をした
こちらに記入してくださいね
へい

拾得物件預かり書
現金
物品
犬
中型
・・・

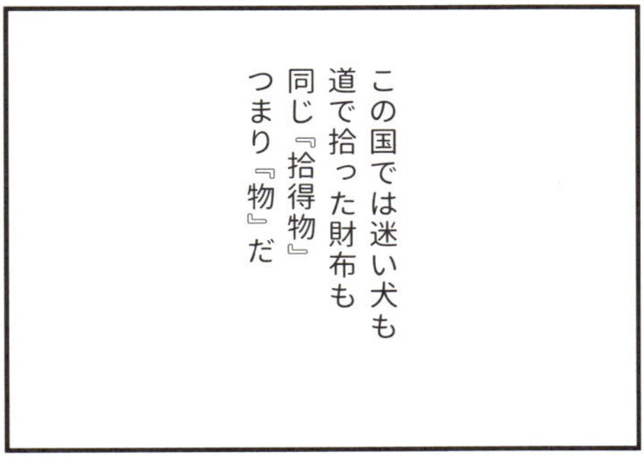
この国では迷い犬も
道で拾った財布も
同じ『拾得物』
つまり『物』だ

もやもやした気持ちを
抱えたまま帰宅すると
もやん…

すぐに電話がなった
わ
わ
わっ

「看取る」ということ ⑥

どうやら飼い主が
すぐに迎えに来たらしい
飼い主さん見つかりました！
ほっ

電話の向こうで
女性の取り乱すような
声が聞こえた

何はともあれ
無事に帰ることが
できてよかった
後日自宅にお礼の
お菓子と手紙が届いた
UMAIYATSU
手紙には
こう記されていた
「この度は
私たちの大切な家族を
助けていただき本当に
感謝しております
ピラ
この子の名前は
『あくび』といって
今年で18歳を迎えます
若い時のような元気もなく
最近は寝てばかりで
私も気が緩んでいたん
だと思います
ふと目を離した隙に
うっかり外に
出てしまったようです
ふらっ…
認知症も入っており
事故に遭って
しまったのではと
生きた心地が
しませんでした」
サーッ

「看取る」ということ ⑦

「長い年月を共に過ごした
かけがえのない家族を
私たちの不注意で
失うところでした
本当に、
本当にありがとう
ございました」
手紙には他にも
あくびちゃんとの
思い出が多く記されていて
大切に飼われていることが
文面から伝わってきた

あのままだったら
高確率で何らかの
事故に遭っていただろう
ぼー…
私は命の恩人だ
HA
HA
HA
HA
あ〜れぇ〜
感謝の手紙だって
菓子折りだって
もらって当然のことだ
うんまっ
むしゃ…
なのに何故だろう

その手紙を
読みながら
涙が溢れて
止まらなかった

「看取る」ということ

⑧

当時の私は
保護施設に勤めていた
昼夜逆転して、夜も眠れないんです
近所からも苦情が…
わんっ
わん
わんっ
わんっ

長きにわたる介護生活で
睡眠時間も短くなり
正常な判断も
できなくなる
ハア…
もう3時間も吠えてる…
わんっ
動物福祉が行き届いて
いないこの国では
負担が大きいのもわかる
私自身も持病があって…
…
でも、どんなに年老いても
どんなにぼけてしまっても
この子たちが
最期まで一緒にいて
ほしいのは
目の前の家族なんだ

理由は様々だったが、
シニア犬あるいは
飼い主が高齢で手放す人が
多いのが現状だった
ごめんね

だからこそ、
その手紙にある
当然の愛情や責任感が
何より嬉しかった
う゛ー…

十年経った今でも
その手紙は大切に
保管してある
私にとって、
この手紙はお守りなんだ

「看取る」ということ ⑨

保護当時の
福くんには
表情がなくて
抜け殻のようだった

獣医師さんはそこで
あるものを作ろうと
咄嗟に考えた

即席で出来上がったのは
歩行補助用の
ハーネスだった

福くんは
フラつきながらも
歩き始めた
そうそう!!
歩けてるよ福くん!!

「看取る」ということ ⑩

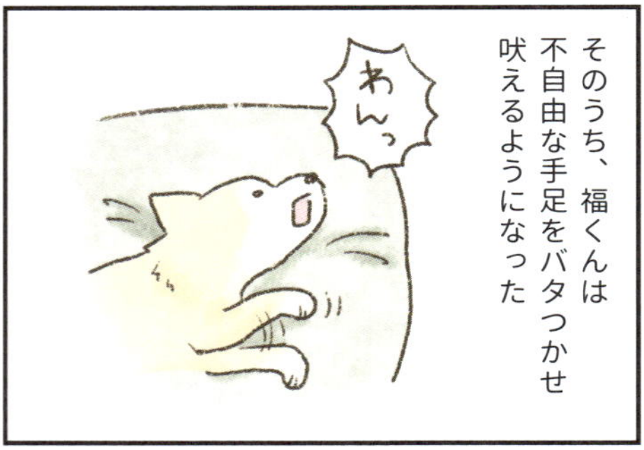
そのうち、福くんは
不自由な手足をバタつかせ
吠えるようになった
わんっ

わんっ
わんっ
『歩きたい』
『立ち上がりたい』
そんな風に聞こえた

フラつきながらも
自力で歩ける日もあったが
福くんすごい!!
自分で歩けてる!!

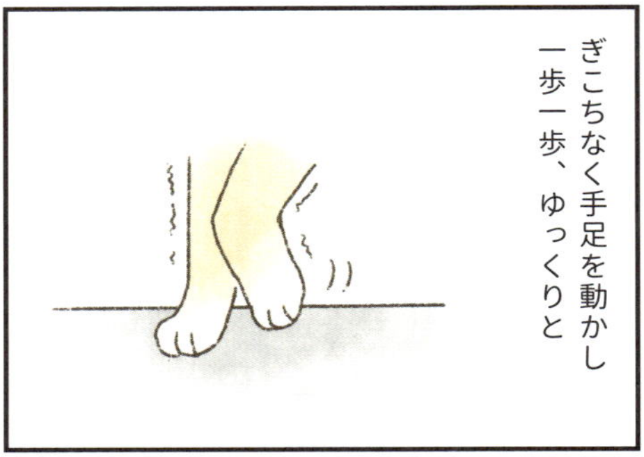
ぎこちなく手足を動かし
一歩一歩、ゆっくりと

会ったばかりの
年老いた収容犬に
ここまでする
必要なんてない

でも、職員さん達は
老犬だからこそ
ちなみに…
これってどうやって作ったんですか？
ああ
猫用のハンモックだよ
!!

元気を取り戻して
ほしかっただけなんだ

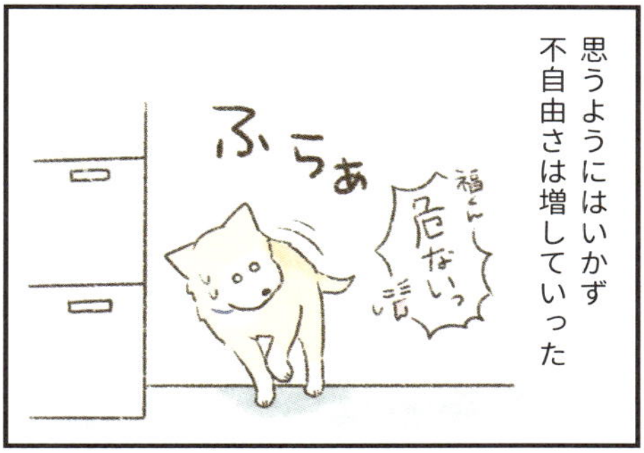
思うようにはいかず
不自由さは増していった
ふらぁ
福くん
危ないっ

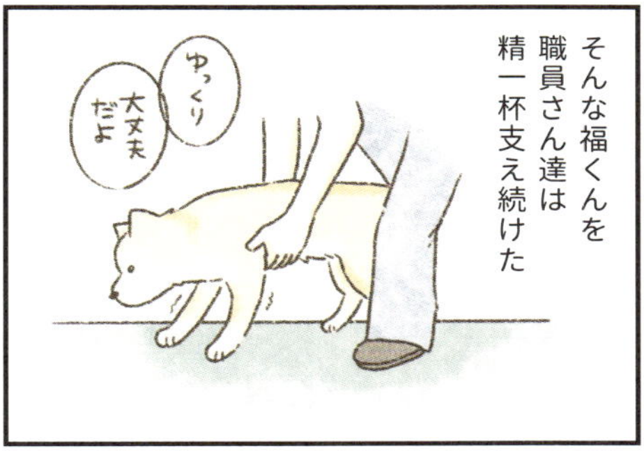
そんな福くんを
職員さん達は
精一杯支え続けた
ゆっくり
大丈夫だよ

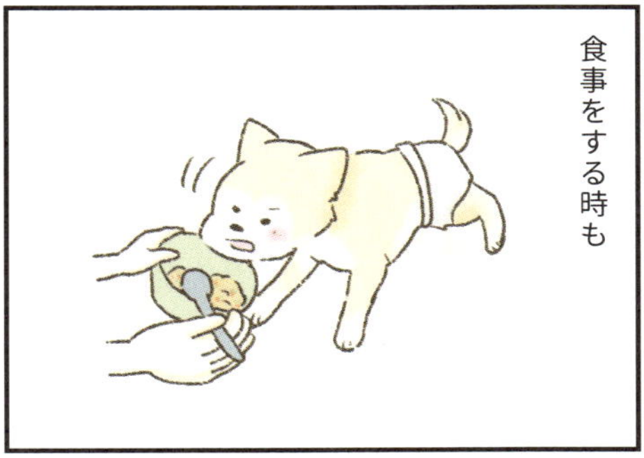
食事をする時も

身体が
汚れてしまった時も

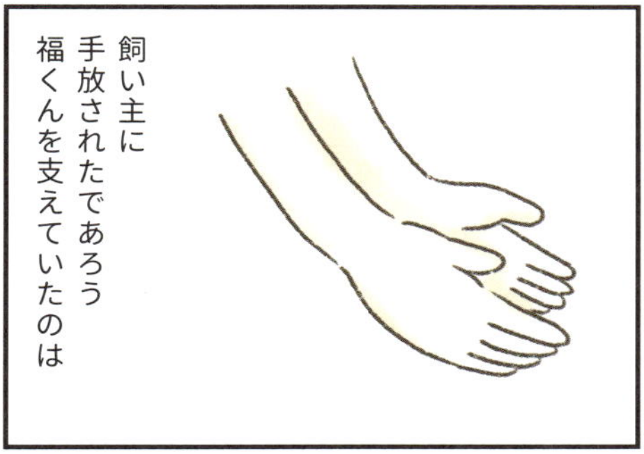
飼い主に
手放されたであろう
福くんを支えていたのは

いつも温かくて
優しい職員さん達の
「手」だった

「看取る」ということ ⑪

いつしか
無表情だったその顔は
…。

日ごとに笑顔が増えていった
ふくくん
今日もいい天気だねぇ
それでも時間には逆らえず体力も気力も日を追うごとに失われていく
抱っこも日向ぼっこも福くんは大好きだった
下半身は筋力を失い歩くことも立つこともできなくなった
にこぉ
それでも職員さん達は諦めなかった
ふくくん おさんぽ行こうか
福くんが笑うとみんなが幸せな気持ちになった
尊
ズキュー

「看取る」ということ
⑫
SNSやインターネットで福くんの飼い主の捜索は続いていた
元の飼い主は最期まで名乗り出ることはなかった
何の情報もなし…か
その代わりに投稿を通して福くんを励ます応援のメッセージがたくさん届いた
福くん、がんばれ！
応援しています！
頑張る姿に涙が出ます
面会を希望する方や寄付をしてくれる方まで現れた
心配し励まし心を寄せてくれる人たちの大きな存在
ふくくん
この子にとっては紛れもない大切な『家族』だろう
みんながそばにいるからね
センターに来てから4か月がたったある朝

福くんはみんなに見守られ、
職員さんの温かい腕の中で
眠るように
静かに旅立った

「看取る」ということ

⑬

後日行われた
センターでの譲渡会では
特別に福くんの献花台が
設置された

たくさんのお花や
おやつ、
メッセージが
寄せられ

多くの人が
福くんに会いに
訪れていた
ぐずっ…

きっと今ごろ
福くんは天国を
走り回っているだろう

福くんが
残してくれた
たくさんの笑顔を

職員さん達の
優しい思いを

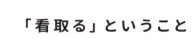

教えてくれた
命の尊さを
この光景をきっと
私は忘れないだろうし、
忘れちゃダメだと思った

「看取る」ということ

⑭

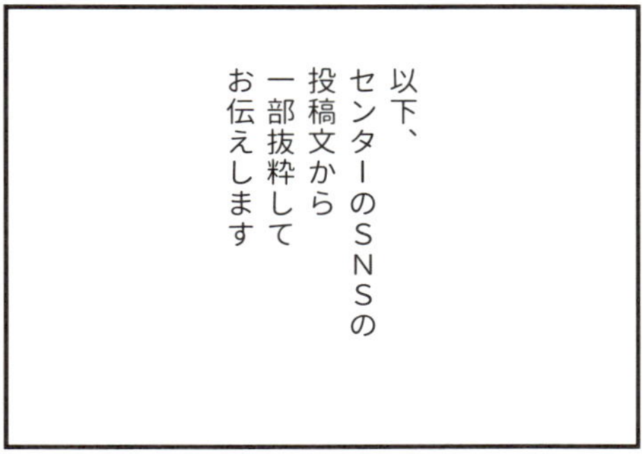
以下、
センターのSNSの
投稿文から
一部抜粋して
お伝えします

初めは
この子も小さくて
可愛い子犬だった
ことでしょう
楽しく元気に
お散歩にいって
お手やお座りもできて
ドヤ!!
自分で食事も
トイレもできて
いたのでは
ないでしょうか
しかしながら、
犬も人間も
必ず歳をとります

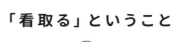

時の経過とともに
今までできて
いたことが簡単には
できなくなります
食事のサポートや、
おむつの交換など、
職員数名で行う
こともあります
動物たちは
可愛いだけでは
ありません
飼うには時間もお金も
体力も使います
動物を最期まで
責任を持って
飼育することが
どれだけ大変なことか
ふくくん
改めて考えて
いただけたらと
思います
ありがとう

CHAPTER 2

ふうちゃん

» 君がつないでくれたもの

» また会う日まで

君がつないでくれたもの ①

寒い冬の日、イノシシ捕獲用の檻《おり》に1頭の犬が入っていると通報があった
だしーてぇー
ガシャン!!

放浪していたとは思えないほど人懐っこかったその犬は保健所へ収容された
ごろん

職員さん達はその犬を『ふうちゃん』と呼ぶことにした
ふうちゃん
君の名前はふうちゃんだよ

温厚で優しい性格ですぐに保健所のアイドルになった
なでてもいいですよ
ふうちゃん!!

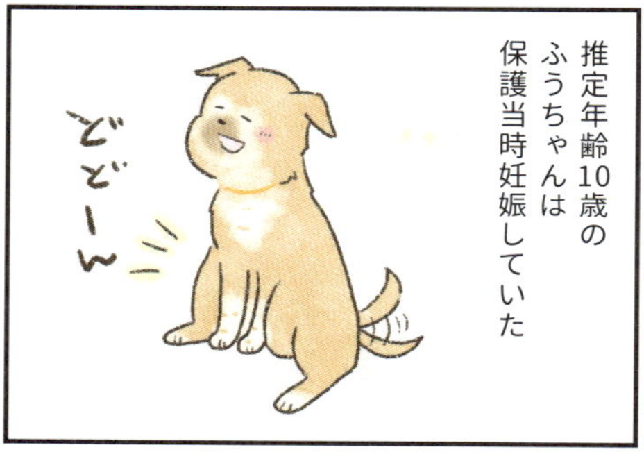
推定年齢10歳のふうちゃんは保護当時妊娠していた
どどーん

後日、保健所の職員さんが見守る中、ふうちゃんはなんと8頭の子犬を出産した

コロコロ可愛い小さなアイドル達の登場にトップアイドルの幕引きかと思われたが…

君がつないでくれたもの ②

君がつないでくれたもの ③

元の飼い主が現れることを期待したが、それどころか少しの情報すらも寄せられることはなくただ時が過ぎていく
元々の飼い主さんやこの子に関する情報些細なことでも構いませんのでご連絡ください。里親になってくださる方も募集して…

愛らしい子犬達は次々と里親が決まる中
シニアのふうちゃんを家族に迎えたいという人はとうとう現れなかった
これ以上の収容は身体への負担が大きいと考えふうちゃんの一時預かりを募集した
また少し痩せたな…
そこで名乗り出たのがこいつだ
ピカーーー
※作者です

しかし現実というものはほろ苦い
ゲソォ…
枯れっ…
へらっ
って…ふうちゃん!?
ガシィ
いっぱい食べて栄養つけようねぇぇ
産後は人間同様、犬も心身ともにボロボロになります

君がつないでくれたもの ④

最後に職員さん達は
ケージ越しに優しく撫で
明るく声をかけた
ふうちゃん
大丈夫だよ

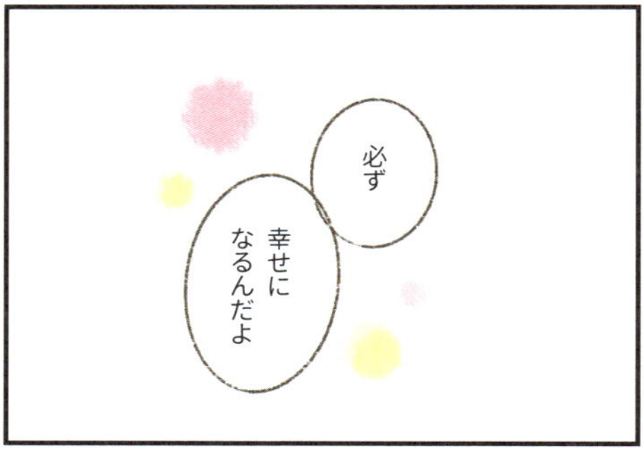
必ず
幸せになるんだよ

笑顔で見送る職員さん達の
顔はどこか嬉しそうで
どこか寂しそうだった
ふうちゃんのこと…
よろしくお願いします

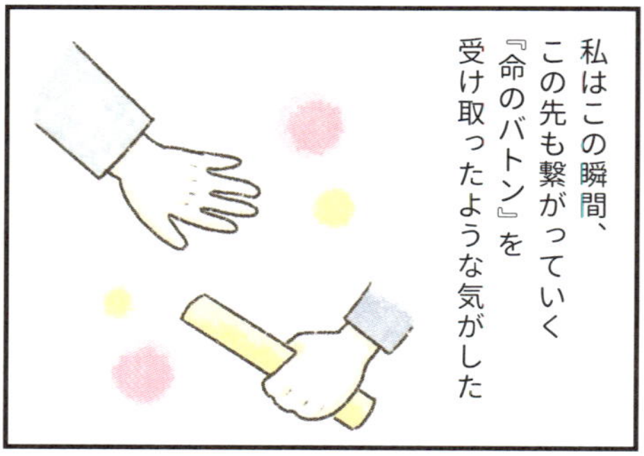
私はこの瞬間、
この先も繋がっていく
『命のバトン』を
受け取ったような気がした

こうして、ふうちゃん親子は
我が家へやってきた
今日からここが君たちの新しいお家だよ
キャッ
キャッ

もらったバトンを
大切に繋げようと誓ったんだ
これからたくさん
楽しいことが待ってるからね

君がつないでくれたもの ⑤

ふうちゃんは最初こそ
人見知りだったが
持ち前の穏やかさで
すぐに新しい環境を
受け入れてくれた

君がつないでくれたもの

⑥

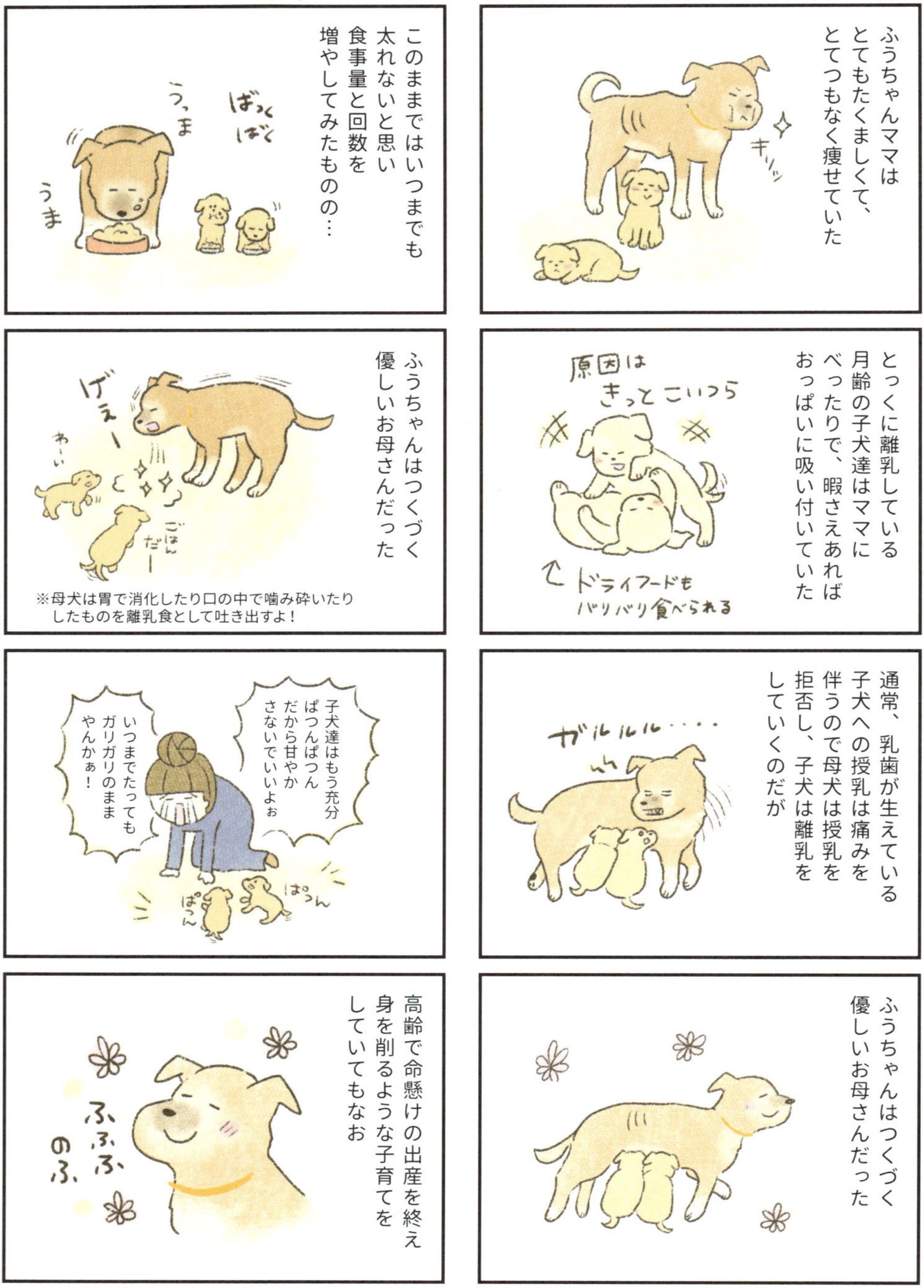
ふうちゃんママはとてもたくましくて、とてつもなく痩せていた
キリッ
とっくに離乳している月齢の子犬達はママにべったりで、暇さえあればおっぱいに吸い付いていた
原因はきっとこいつら
ドライフードもバリバリ食べられる
通常、乳歯が生えている子犬への授乳は痛みを伴うので母犬は授乳を拒否し、子犬は離乳をしていくのだが
ガルルル・・・・
ふうちゃんはつくづく優しいお母さんだった
このままではいつまでも太れないと思い食事量と回数を増やしてみたものの…
ばっくばく
うっま
うま
ふうちゃんはつくづく優しいお母さんだった
げぇー
わーい
ごはんだー
※母犬は胃で消化したり口の中で噛み砕いたりしたものを離乳食として吐き出すよ！
子犬達はもう充分ぱつんぱつんだから甘やかさないでいいよぉ
いつまでたってもガリガリのままやんかぁ！
ぱつん
ぱつん
高齢で命懸けの出産を終え身を削るような子育てをしていてもなお
ふふふのふ

君がつないでくれたもの ⑦

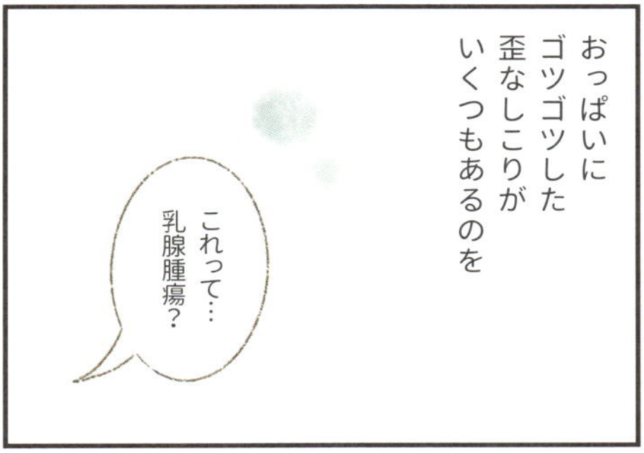

君がつないでくれたもの ⑧

お腹を見せて
甘えてくるたびに
ボコボコとしたしこりが
気になって
ごろ〜ん♡
なでてなでて〜♡

私はシンプルに
落ち込んでいた
・・・

ふうちゃんに触れると
優しい体温が伝わって
落ち込んでる
時間が
もったいないな

笑顔で過ごしている
今この瞬間を何よりも
愛おしく感じた
サンポ
行く?

悲しいことに
成犬から飼うと
しつけができないとか
懐かないなんて
言われてしまう
ことがある

シニア犬で保護された
ふうちゃんは
大人も子供も大好きで
ふうちゃーん
おすわり
はーい?
おすわりは
知らないん
じゃないかな
ふふっ

保護される前から
知っていることが
あったり
おりこうねー
はいっ
シュタッ
いや
おすわり
知ってた
んかい

君がつないでくれたもの ⑨

お留守番は嫌いで
散歩とご飯が大好き
爆睡している時は
よく変な寝言を言う
わふ!
ぶわふ!

そして今日も
君は私の横で
気持ちよさそうに
寝言を言っている
ぶぉん!
ぴくっ

それで十分だ
ふふ

過去のふうちゃんも
今のふうちゃんも
私が大好きなふうちゃんに
変わりはないから

出会えたことが
奇跡だと思う
うちにきてくれて
ありがとうね

君がつないでくれたもの

⑩

現在の日本では
生後56日での
販売が許可されている
犬は人の約7倍のスピードで歳をとると言われているのにね
少し前までは49日だったんだよ

ふうちゃん親子が
我が家に来た時は
子犬達が生後62日の時
我が子たちー

君がつないでくれたもの ⑪

若くて元気な
お母さん犬だったら
全く問題なかったの
だろうけど…
抜け毛もひどいし太れないなぁ
ハァ
ハァ
原因不明の下痢が
1か月も続いていて
シニア犬の子育ては
楽ではないことを
痛感する
おかん あそぼ
ねぇ ねぇ
それでもふうちゃんは
優しいお母さんだった
しょーがないわねぇ
ふうちゃんの体調を
考慮し獣医師さんと
相談した上で子犬達は
里親を募集することになった
だら…
だら…
心配
大丈夫かな…
当時はコロナ禍での
ペットブームの
影響もあってか驚くほどの
問い合わせがあった
ピコン
ピコン
ピコ
なんとっ
生まれてきた時から
そばにいた母犬や
一緒に育ってきた
兄妹犬と離れて暮らすことは
大きなストレスを伴う
?
?
夜鳴きや問題行動にも
繋がってくるだろう
心身ともにケアが必要な
子犬を迎えることは
決して楽なことではない
不安。
里親面接や面会を
繰り返し、
あめとゆきはそれぞれ
別の家庭での
トライアルが決まり

ふうちゃん親子の別れの日がゆっくりと近づいてきた

君がつないでくれたもの

⑫

少し臆病でママっ子な男の子のあめくん
同じ兄妹なのに全く違う2匹
きゃい
きゃい

そして迎えたお別れの日
あめくん
ずっとのおうちに行くよ

行ってくるね

不安そうなあめくんに「ごめんね」とは言わなかった
大丈夫
大丈夫だよ

里親さんご家族のリビングには以前一緒に暮らしていたであろう犬の写真が飾られていた
よく来たね

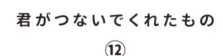

君がつないでくれたもの ⑬

その子との
思い出を愛おしそうに話す
ご家族の表情は
とても幸せそうで
この場所が あの子の 特等席でね
誰かがここに 座ってたら 目で訴えて くるんだよね
そうそう

私はさっきと同じ言葉を
まるでおまじないのように
繰り返し伝えた
あめくん 大丈夫だよ
行っておいで

お母さん犬が
頑張って産んで
育ててくれた感謝を
忘れないようにと
名付けられた新しい
名前は『ハチ』
今日から あなたの 名前は
ハチ

名前を呼ぶその声は
きっと一生優しさで
溢れるものになるだろう
今日から よろしくね

ゆきちゃんは
ふうちゃんに似て
とっても甘えん坊で
お転婆な女の子

そんなゆきちゃんも
旅立つ時が来た
行って くるね

パァアアー
里親さんご家族
新しい名前は『幸』と書いてゆきちゃんになった
よく来たね
必ず幸せにするからね
里親さんご家族は心配そうにこんなことを聞いてきた
お母さんは寂しがっていませんか?
私は我ながら薄っぺらな言葉を並べることしかできなくて
寂しいとは思いますがここからは
私がしっかりケアしていくので大丈夫ですよ

罪悪感いっぱいで帰宅すると
ただいまー
ん?
すっ…
「お母さん」を終えたふうちゃんは誰よりも甘えん坊な子供になっていた
おかーさーん♡
きっと本当はもっと甘えたかったんだろう
よく頑張ったねぇ
その日は時間の許す限りふうちゃんの身体を撫で続けた

君がつないでくれたもの ⑭

すっかり子供に返ってしまったふうちゃんからは常に癒し成分が発生していて
マイナスイオン的なーー
とてとて…
ふうちゃんの周りには子供達がべったりとくっついていて
ふーぅ♡
ごろーん♡
私に怒られた時も子供達はふうちゃんに助けを求める
ちょっと聞いてるの？
がみ
がみ
けーくん!!
むっすぅ
胸、かすよ？
ごろん
そして、その存在に一番助けられたのは
もぅ!!
げきおこ!!
間違いなく私だろう
ぐすっ
う…可愛さが目にしみる…
パァァァァ
落ち着くのデス

ママぁ
さっきはごめんなさい
ううん
おかーさんも強く言いすぎたね
ごめん

君がつないでくれたもの ⑮

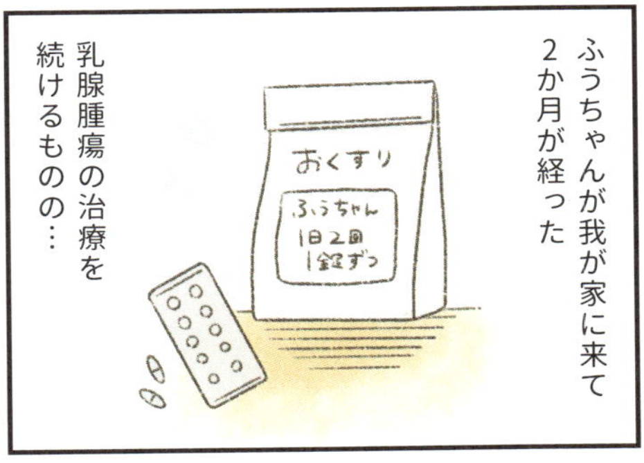
ふうちゃんが我が家に来て2か月が経った
乳腺腫瘍の治療を続けるものの…
おくすり
ふうちゃん
1日2回
1錠ずつ

その腫瘍は少しずつ大きさが増しているのを感じた
また大きくなってる…
病院いこっか
?

やっぱり手術しかないですね…
避妊手術の時に一緒に取りますか?

ふうちゃんに
もし負担が少ないのなら
全部取ってあげたいです

手術前の検査も無事終了し手術の日程が決まった
うん!
全部問題なし!

手術前日、私はふうちゃんのお腹をゆっくり撫でていると見せかけて
ありがとうねぇ
子育てを共に乗り越えてくれたんだよね
?

願を掛けていた
悪性じゃありませんように悪性じゃありませんように悪性じゃありませんように悪性じゃありませんように悪性じゃありませんように
ブツ〜
ブツ
ふうちゃんは不思議そうな顔をして私を見つめていた
?
手術のため翌朝から絶食だったのでその日の夕飯は少しだけ豪華にした
＼ササミスペシャル／

君がつないでくれたもの

⑯

手術当日、順調に進めば日帰りの予定だった
入院室へ連れて行かれるふうちゃん
しゅん…
ふうちゃん、行っておいで
うるっっ
ぐぬぬ…
ふうちゃんが不安にならないように私は大袈裟に明るく振る舞った
すぐ迎えに来るからね！
大丈夫だよー!!

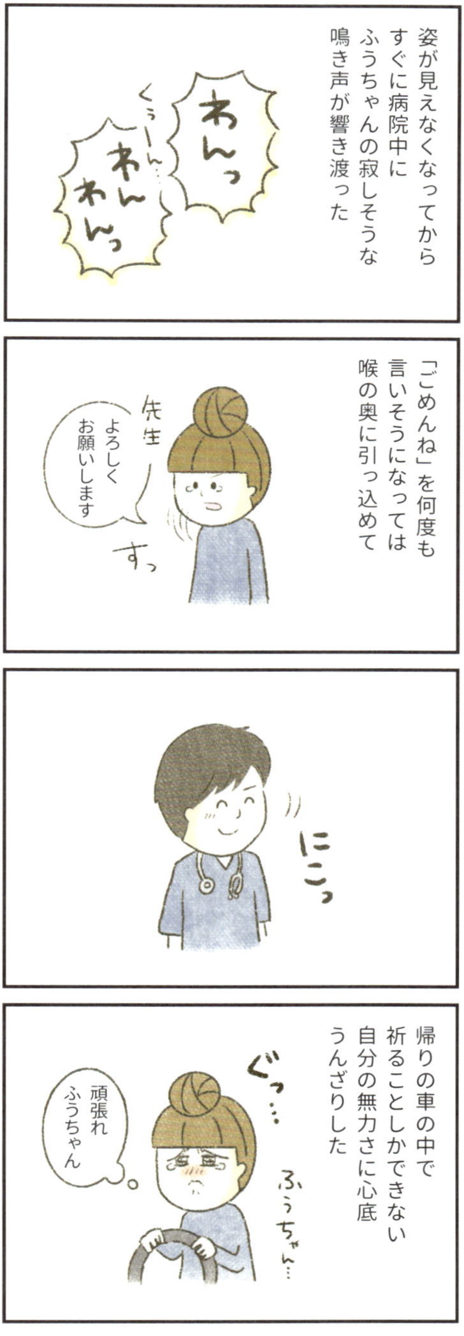
姿が見えなくなってから
すぐに病院中に
ふうちゃんの寂しそうな
鳴き声が響き渡った
わんっ
くぅーん…
わんわんっ
「ごめんね」を何度も
言いそうになっては
喉の奥に引っ込めて
先生
よろしくお願いします
すっ
にこっ
帰りの車の中で
祈ることしかできない
自分の無力さに心底
うんざりした
ぐっ…
頑張れふうちゃん
ふうちゃん…

帰宅後、手術開始予定の
時間になると気になって
何も手に付かなかった
全身麻酔
手術のリスク
カチ
コチ
ドキ
ドキ
すると、携帯がなった

君がつないでくれたもの ⑰

いつもは落ち着いている
先生の慌てる声に
変な汗が出た
今手術の途中なんですが…
ゴクリ…

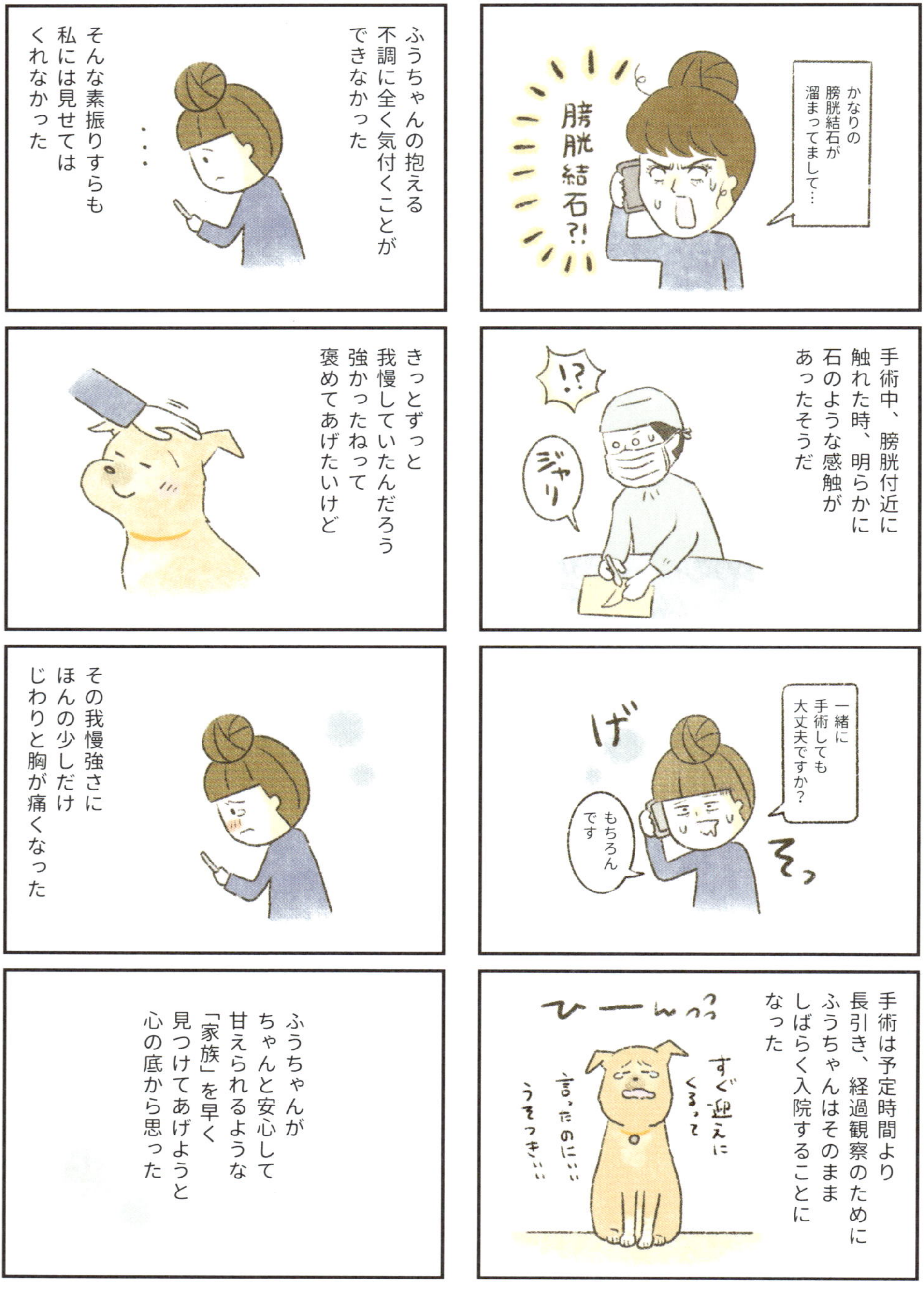
かなりの膀胱結石が溜まってまして…
膀胱結石?!
ふうちゃんの抱える不調に全く気付くことができなかった
…
そんな素振りすらも私には見せてはくれなかった
手術中、膀胱付近に触れた時、明らかに石のような感触があったそうだ
!?
ジャリ
きっとずっと我慢していたんだろう強かったねって褒めてあげたいけど
げ
一緒に手術しても大丈夫ですか?
もちろんです
そっ
その我慢強さにほんの少しだけじわりと胸が痛くなった
手術は予定時間より長引き、経過観察のためにふうちゃんはそのまましばらく入院することになった
ひーんっっ
すぐ迎えにくるって
言ったのにぃぃ
うそつきぃぃ
ふうちゃんがちゃんと安心して甘えられるような「家族」を早く見つけてあげようと心の底から思った

君がつないでくれたもの ⑱

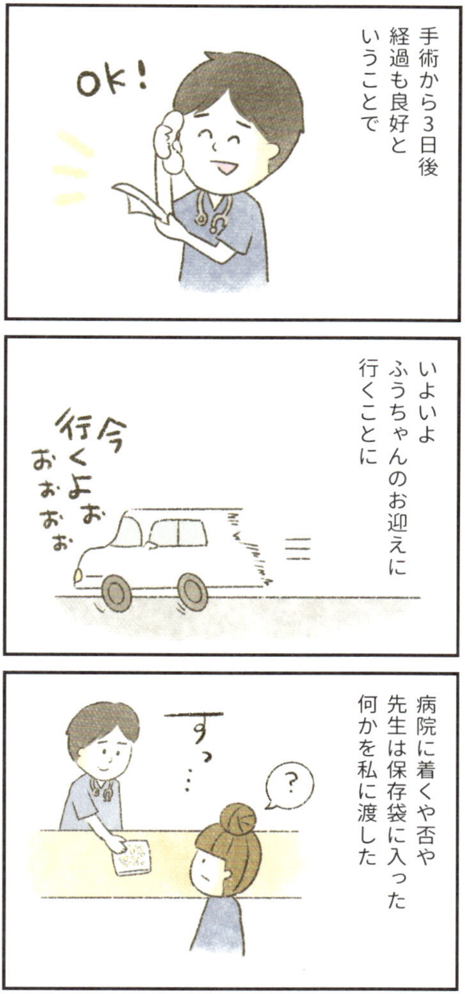

手術から3日後経過も良好ということで
OK!
いよいよふうちゃんのお迎えに行くことに
今行くよおおおおお
病院に着くや否や先生は保存袋に入った何かを私に渡した
すっ…
?

こっ…これはもしや!?
ばーーん!
ふうちゃんの膀胱に溜まっていた石です
ひいいっ
こんなの膀胱に溜めたままで今まで生活していたんですか?
そうですね
ヤベェ…
いやぁ…
こんな量を見るのは初めてですよ
何年も獣医師やってますけど
多分ずっと我慢してたんでしょうね
ずっと痛みを我慢して、いつも気さくに振る舞ってくれていたのか…
なでてー♡
おかーさん♡
何というかもう…

君がつないでくれたもの ⑲

絶対幸せにしないとあかん
胸にきざみっっ

ところで…記念に持って帰りますか？
えっ いや…
あー …やっぱり持って帰ります

その時、診察室の奥からふうちゃんがゆっくり近づいてきた
いくよー
術後服

待ちに待ったふうちゃんとの再会！
ふうちゃん…
ダッ

ふうちゃんっ
!!

出口
バッ
ふうちゃんもう帰るから!!
てでーん

スルー!

ぽつーーん
感動の再会は…
ま、いいか… おや？
それにしても ふうちゃん…

術後服ゥ!!
何だか強そうになったような気がする
ムッチィ

ふうちゃん！
レスリング女子みたいで素敵よぉぉ
おかーさん 早くココから逃げましょう
ラビュー
ふふっ

？
クスクス…
クスクス…

気がつけば静かだった待合室は和やかな笑いに包まれていた
ピンク、似合ってますよ
うんうん
かわいいですね
大きいわんちゃん～
すみません つい…

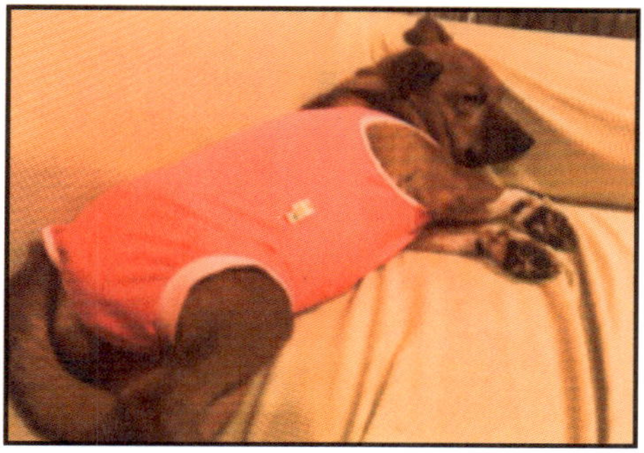

君がつないでくれたもの

⑳

ふうちゃんが帰宅してもう一安心かと思いきや
たまさん！
摘出した腫瘍の検体検査は1週間かかるので電話しますね
そうだった

そして、1週間後…
先日のふうちゃんの乳腺腫瘍ですが…
ドキ
ドキ
結果は良性でした
祝☆良性！
そうしてようやく普段の暮らしに戻っていった
ひゃはっ
人見知りなふうちゃんが向けてくれる眼差しは家族に対する「信頼」そのものだった
おかーさん？
ごはんは？

でれぇ
そんなある日、一通のメッセージが届いた
里親募集をやめてたまさんの家族として迎えてくれませんか？
ピコン♪
ピコン♪
里親が見つかったとしても必ずしも幸せになれるというわけではないと思います
!?

君がつないでくれたもの ㉑

当時の私は動物病院に勤務していたのでこの言葉の意味をよく知っていた
はーい初診ですねー
受付
ある日の初診患者さん
子犬の時に保健所から引き取ったんです
フィラリア強陽性ですよ
今まで予防などは？
一度もしたことありません
ゴホッ
ある日のトリミング受付
里親サイトで引き取った子なんですが毛が伸びてきてー
…最後のカットはいつですか？
えー…したことないです
もっれっ
ボサッ
え
「譲渡」が必ずしも幸せに繋がるとは限らないことを私はよく知っていた
もやっ

ふうちゃんをうちの家族に迎える…か
そんな考えがふと頭をよぎった
それ最高やん
めっちゃええやん
そんな時、私の頭の中にこいつが登場してきた
おいっ
そこの…
愚か者め
ギャアァァ
お前はっブラックたまさん
ササッ

君がつないでくれたもの ㉒

この私が直々にお前達家族がふうちゃんに相応しいかをテストしてやろう
フハハハハ
勝手になっ
だんっ!!
違いますよ!
プンッ
スカ!!
愛しているから一緒にいたいという意味デス!
なんてひねくれ者だっ
はい〜よろしく☆
じゃあ
ふうちゃんを家族にしたい理由とは?
はいっ
ほう?
フッ…
ふうちゃんと暮らしていると癒されるんですぅ
子供達とも仲良しなので動物と接する上でいい勉強になるかなぁと!
パァァァ
へらっ
では質問を変えましょう☆
犬は言葉を話したり人間のようなコミュニケーションは取れません
そんな彼らと過ごす上で彼らの幸せのために一番大切なことは何だと思いますか?
なるほど〜
子供の教育と自分の癒しのために利用したいということですかね
そういうコトですねー
!?
まずは整った環境ですね健康を考慮した食事に清潔な生活空間は当たり前
そしてー
犬と人の大きな違いは何と言ってもー…
ぺらぺら

…
犬と人の大きな違い…か
君がつないでくれたもの
㉓
犬と人間の大きな違い
それは生きている
時間だろう
そうだ…
この子達は
私達のように何十年も
生きられない
ごろんっ
どてっ
だから私は必死に
家族を見つけようと
してるんだ
せっかく同じ時代を
生きるんだから
「生まれてよかった」と
そう思えるように
そのために家族として
必ず必要なこと
それは…
経済面
時間
周囲のフォロー体制
精神面
圧倒的 余裕…!
ざわ…

共働きの二児の母のワンオペ育児
これからもっと忙しくなるだろう
げそっ
ぐいぐい
我が家には常時10匹以上の犬猫が生活しており、人慣れしていない子や病気の子もいる
どんなに愛していても
その時の私が1日にふうちゃんに掛けてあげられる時間はせいぜい30分くらいだろう
ふぅ〜
ズリズリ
私が癒されても、
ふうちゃんを癒すことができなければ意味がない
ブラックたまさん
私やっぱり辞退します
あたしゃやっと目が覚めたよ
そうだよねぇ
一方的な愛で簡単に幸せを感じることができるのなら世界はもっと平和なはずだよ
フッ
!?

※悪魔（あくま）でも脳内のイメージです
ゴッ
ぐはぁ
もうやめてよアホーッ

君がつないでくれたもの

㉔

ある日、ふうちゃんのことをずっと気にかけてくれていたTさんから一通のメッセージが届いた
ふうちゃんを家族に…
ピコンッ♪
実際にお話しさせて頂くとこの上ないほど犬思いな優しい人だった
ええ人や…

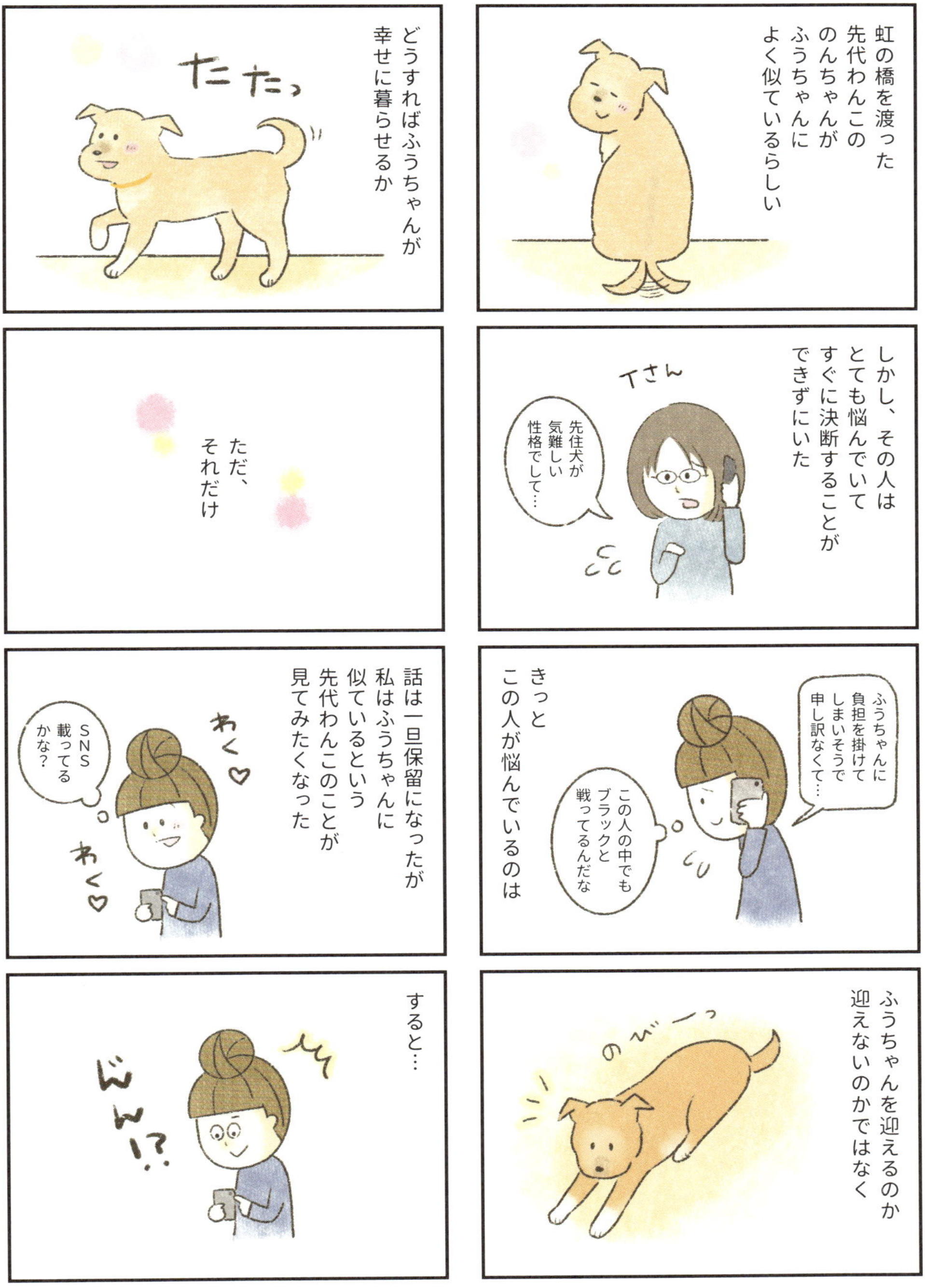
虹の橋を渡った
先代わんこの
のんちゃんが
ふうちゃんに
よく似ているらしい
しかし、その人は
とても悩んでいて
すぐに決断することが
できずにいた
Tさん
先住犬が 気難しい 性格でして…
きっと
この人が悩んでいるのは
ふうちゃんに 負担を掛けて しまいそうで 申し訳なくて…
この人の中でも ブラックと 戦ってるんだな
ふうちゃんを迎えるのか
迎えないのかではなく
のびーっ
どうすればふうちゃんが
幸せに暮らせるか
たたっ
ただ、
それだけ
話は一旦保留になったが
私はふうちゃんに
似ているという
先代わんこのことが
見てみたくなった
わく♡
わく♡
SNS 載ってる かな?
すると…
ん゛ん!?

君がつないでくれたもの ㉕

その電話から1週間後
一生の家族になれるようにみんなで頑張りたいです!
ポコン♪

いよいよふうちゃんの第二の犬生が始まろうとしていた

君がつないでくれたもの

㉖

もちろんふうちゃんにも欠点の一つや二つはある
扉の破壊
ブラインドの破壊
だって
さみしかったもん
前科有

そのことをTさんに伝えたところ…
それはもう仕方ないですよ
犬なんだし
どーん
心広っ

そして、順調にトライアルへの話は進み
いざ!! 出陣の日!!
行くでトライアル!!
シュダッ

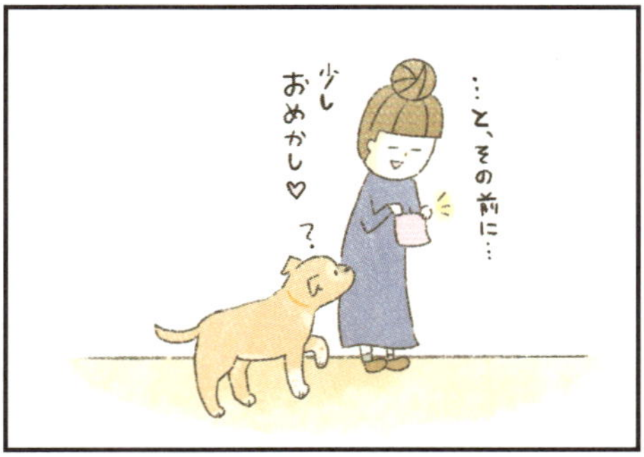
…と、その前に…
少しおめかし♡
?

はわー
パァァァ…

ギャー♡♡
かわいいっ
たまらん
私はそんな姿を
ただ愛おしいと思った
ふふっ
車に乗る前に
いつも通り散歩へ行く
きっとこれは
最後の散歩だろう
君がつないでくれたもの
27
その日の空は
よく晴れていて
キラキラ輝いていた
思わずふうちゃんに
声をかける
ふうちゃん！
Tさん宅に到着すると
ご夫婦はふうちゃんを
笑顔で迎えてくれた
ふうちゃん！
呼びかけた私の声に
振り向きもせず
ふうちゃんはただ草や
地面の匂いを嗅ぐのに
夢中で
ぐい
ぐいっ
ん？
何か発見！
相性が気になっていた
先住犬ロイちゃんとの
初対面は可もなく
不可もなく
デカイ奴が
いるでしょ
ココハ
ドコ…
お互い
視界に入って
ませんねぇ
ですね

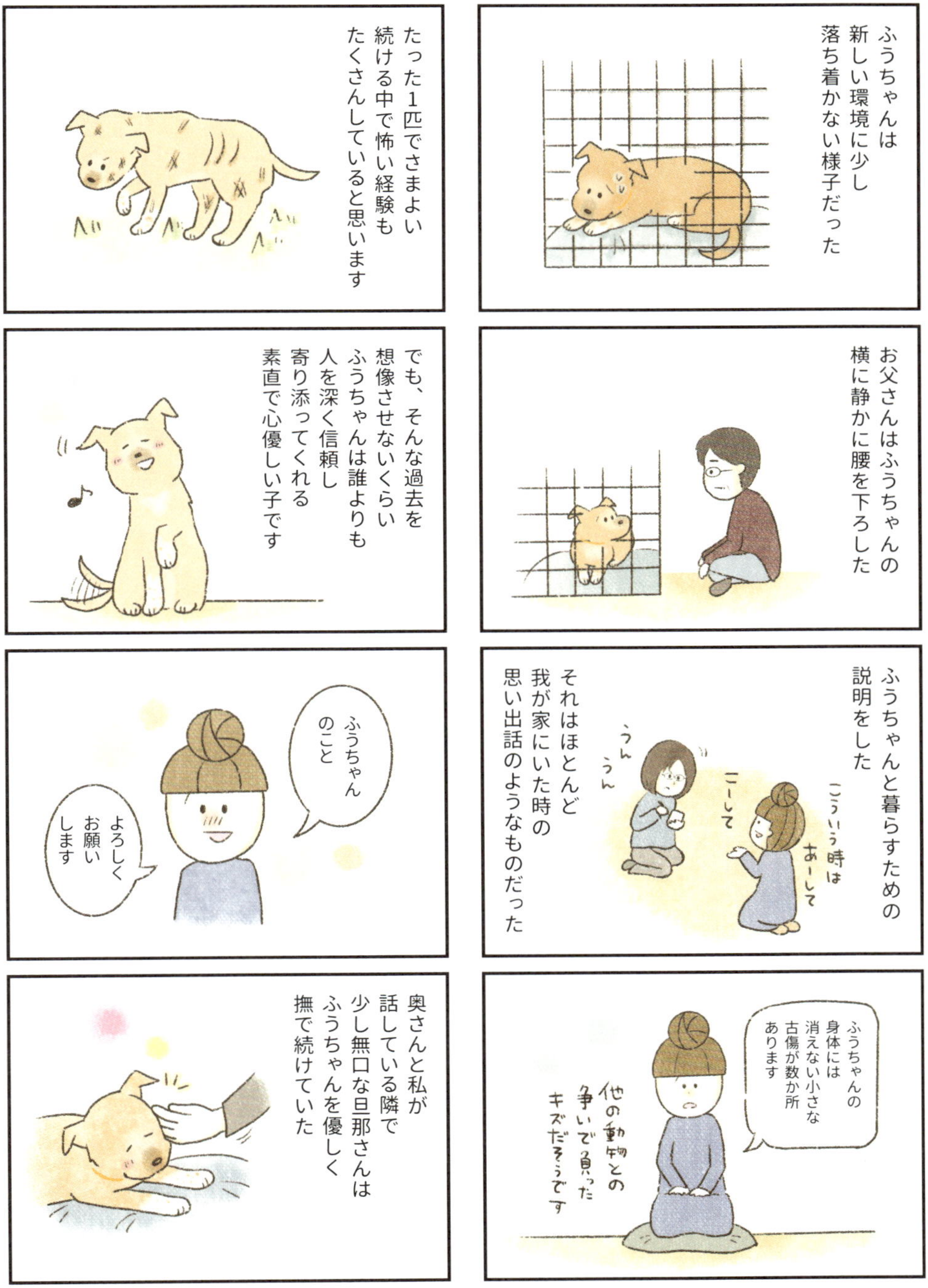
ふうちゃんは新しい環境に少し落ち着かない様子だった
お父さんはふうちゃんの横に静かに腰を下ろした
ふうちゃんと暮らすための説明をした
こういう時はあーして
こーして
うん うん
それはほとんど我が家にいた時の思い出話のようなものだった
ふうちゃんの身体には消えない小さな古傷が数か所あります
他の動物との争いで負ったキズだそうです
たった1匹でさまよい続ける中で怖い経験もたくさんしていると思います
でも、そんな過去を想像させないくらいふうちゃんは誰よりも人を深く信頼し寄り添ってくれる素直で心優しい子です
ふうちゃんのこと
よろしくお願いします
奥さんと私が話している隣で少し無口な旦那さんはふうちゃんを優しく撫で続けていた

君がつないでくれたもの ㉘

全ての説明が終わり
帰宅の準備をしていると
たまさん ベッドとか 洋服とか 使いますか？
使い古しですが…
めちゃくちゃ助かります
まじで消費量えぐいんで
のんちゃんが生前使っていたものばかりですが持ってきますね
にこっ

ドサッ
大量!!
使わないの!?
そんなにいいんですか？
はい…
使わないくせに捨てることもできなくて…
どっ
!?
…っ
ポロ
ずみません
ポロ
わ…っ
すみませぇんっ
ただの中古のベッドや洋服ではない
優しさのつまった大切な大切な思い出達

君がつないでくれたもの

㉙

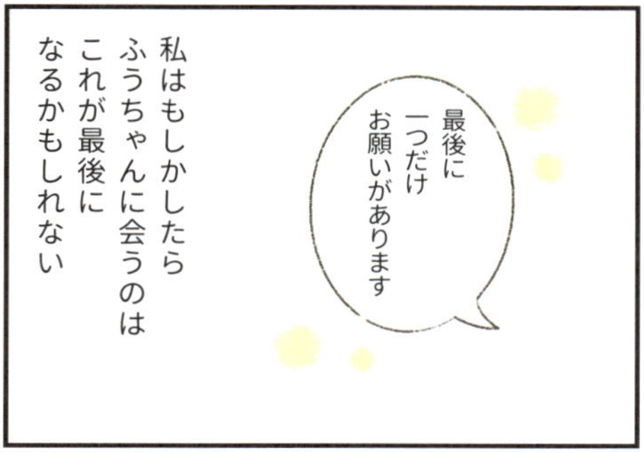

途端、
ふうちゃんは小さな不安を
感じてしまうだろう

たくさんの優しさと
愛に溢れた
命のバトンを託すために

「お別れ」ではなく
「送り出す」ために

君がつないでくれたもの ㉚

別れ際、
私はふうちゃんに
気づかれないよう
背を向けてゆっくり
部屋を後にした
そろーり…

お別れを言うどころか
視線すら合わせなかった

置いていかれるのが
大嫌いだった
ふうちゃん
わんっ
わんっ

ふうちゃんは
私から捨てられたと
思うだろうか
キョロ
キョロ
?

そうだとしても、
それでいい
ふう
ちゃん
ふう
ちゃん
よろしくね
ここからが
スタート
なんだ
元の飼い主のことも
保健所のことも
子犬達のことも
私のことも忘れるくらい
ふうちゃんは
幸せになるんだ
傷だらけだった
ふうちゃんは
推定10歳という年齢から
新しい犬生の
スタートを切る
君がつないでくれたもの
㉛
トライアルが終わり
ふうちゃんの
写真が送られてきた
正式譲渡を
お願いしたいです

私はふうちゃんの
この顔を
よく知っている
カシャ
?
大好きな人にしか
見せない優しい表情
ふうちゃーん♡
?
若いわけでも
健康なわけでもない
どこにでもいそうな
普通の雑種の犬
そんな犬を
「我が子」と呼んで
毎日優しく撫でて
抱きしめてくれる
家族ができた
パタ
パタ
大好き
愛してる
ギャン
ぶん
ぶん
♪
室内でトイレを
我慢してしまう
ふうちゃんのために
ん
小雨になったな…
トイレ…
ふうちゃんトイレ？
傘さしたら？
ふう坊が
傘ないのに
ワシだけ
さしたら
いけん
じゃろう
ふいっ
いらん

ふうちゃんの
新しい家族は
涙が出るほど温かい
…そうか
おとーさん、ふうちゃんスッキリしたの

君がつないでくれたもの

㉜

ふうちゃんと
里親さんから頂いた
もう一つの大切なもの
たまさん
ふうちゃんの譲渡費用です
すっ

ふうちゃんには保護後、
乳腺腫瘍に
膀胱結石の手術など
高額な医療費がかかっていた
?

その封筒には
元気な子犬が買えるほどの
金額が入っていて
譲渡費用とは その子にかかった 医療費(不妊手術代、検査やワクチン) ＋交通費が 一般的だよ〜

さすがに全額は頂けません！私もリスクは承知で受け入れたし
それに
ふうちゃんはシニアです。すぐに病院通いが始まる可能性も…

それはもう覚悟の上です
犬のために生きてるも同然なので
何があっても受け止めます

いや、しかし…
しかしいいいいっ
たまさん！

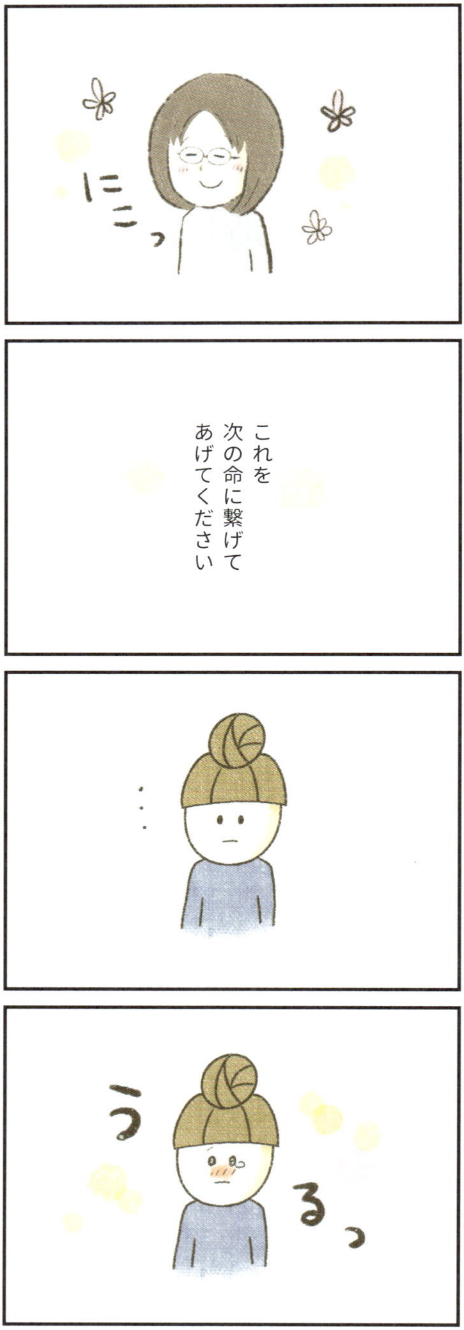
にこっ
これを
次の命に繋げて
あげてください
…
うるっ

君がつないでくれたもの

㉝

後日、保健所へ行き
ずっと気にかけてくれていた
職員さん達に
ふうちゃんのことを伝えた
「捕獲後の保健」なんて
聞いてしまうと
お先真っ暗なイメージを
持つ人が多いかもしれない
でもふうちゃんは
収容をきっかけに
本当に多くの人から
愛され必要とされた

収容された全ての動物達がそうであってほしいと心の底から思う
んっ
ふと目をやるとガリガリに痩せた小柄な犬が1匹震えていた
この子は?
昨日たった1匹で捕獲器に入ったんですよ
怯えきった目をしたその子を見ると今までの環境の悪さが頭に浮かんだ
こんなに痩せているのにご飯食べてくれないんですよ
ドキドキ…
病気を持っているかもしれないしお金がかかるかもしれない
懐くかどうかもわからないでも、ただ一つだけ確かなものがある
この子は必ず愛される存在になる
ふうちゃん先パイですよー
次はあなたが幸せになる番なのですよー
?
うちに来るかい?
おどっ

また会う日まで

ふうちゃんは２０２４年5月2日、よく晴れた気持ちのいい朝、ご家族の皆さんが見守る中、長い長い眠りにつきました。

私が初めて会ったふうちゃんは、誰からも〝選ばれなかった子〟でした。

どこにでもいるような雑種で、シニアで、体重は16キロもあって、胸には大きな腫瘍がある。私はふうちゃんを迎える時、『この子はもしかしたら今後貰われることはないかもしれない』。そんなことを思ったのを今でも鮮明に覚えています。

それでもいいと思っていました。私が幸せにすればいいことだ…と。

そんなふうちゃんを選んでくれたTさんご家族はいつも口癖のように『うちにはもったいないほど素敵な子なんです』と、そう言ってくれました。

送られてくる動画や写真、そしてTさんからの文章はどれも愛情と幸せに溢れていて、何よりもふうちゃんの目を見れば、ご家族のことを心から愛していることが伝わりました。

ふうちゃんにどんな過去があったのかは今でもわかりませんが、Tさんご家族に巡り合い、最期までそのぬくもりを感じながら旅立てたことを、私は誇りに思います。

Tさんご家族をはじめ、ふうちゃんに関わってくださった皆様へ。

心からの感謝と敬意を込めて。

tamtam

CHAPTER 3

お爺

» 異色のコンビ

» 笑える介護

異色のコンビ
①

人通りの少ない
海岸沿いで
衰弱しかけていた
1匹の老犬
飼い主は現れず
保健所へ移送された
…
すっ…

大変
だったね
その老犬は職員さん達に
『かいちゃん』と名付けられた
新しい名前は
かいちゃんだよ
海にいたから
かいちゃん
保健所の職員さん達の
熱心なケアもあり
衰弱していた老犬は
みるみるうちに元気を
取り戻していった
しかし、現状は厳しく
保健所には次から次へと
犬たちが収容され、
キャパオーバーに…
子犬
野犬
飼育
崩壊

元の飼い主も現れず
新しい里親の
声もかからない
かいちゃんは
年を取りすぎて
いたのかもしれない
かいちゃんは
殺処分の対象に
なってしまった

異色のコンビ ②

捨てられて
しまったのか
迷子になって
しまったのか
今となっては
確認しようもない

もし一つだけ
確認ができるなら
この子と
暮らしていた人が
今どんな気持ちなのか
聞いてみたい
縁があって、
かいちゃんは我が家へ
来ることになった
こちらです…
職員の人達は
いつも口々に
こう言ってくる
本当に
すみません
いつも
いつも…

命を繋げようと頑張っている人が口にする言葉じゃないはずなのに
んっ?
あっ
この子です〜
わな…
ハッ…
老い〜
えっ…?
てっち
てっち
てっち
え!?
ズボッ

にこぉ
はい 惚れた

異色のコンビ ③

出会ってしまったのはそれはそれは可愛いお爺ちゃんで
はわわ
わわあ
私が連れて帰っても
かわいすぎるのですが…!?
まじで…
本当にいいんですか?
いいんですね!?

そんなこんなで保健所をあとにしようとした時子犬が目に入った
身体中を掻きむしっていた真っ黒な子犬の名前は『オセロ』
ガシ
ガシ
きっと何らかの皮膚病だろう
みょーん…
痒そうだね〜
リスク
治療期間
治療費
ぽく
ぽく
ぽく
ぽく…

ちーーーん
この子も
セットで
そんなわけで我が家には子犬と老犬という異色のコンビがやってきた

異色のコンビ

④

老犬と子犬という異色のコンビを迎えた我が家
ヨボ…

オセロはまだ人を信じられないようで不安そうだった
君はビビリさんだね
不審な眼差しっっ
一方で、お爺の方は…
はっ…
すやあっ…
ちょっ
初日からリラックスしすぎやない？
いいんやけどね!?
ん？
ぷり
たたっ
ぷり
爺がモテてる!?
ペロペロ
むくり…
すきすき
すき
あ 起きた
ハッ
いらあっ
爺っ
若ぇもんが…
調子のりおって…
う゛ーーー。

異色のコンビ⑤

ガヴッ
ひえっ
年寄りを甘くみてはいけません
かい爺ちゃんと子犬のオセロさん、初めての動物病院
待合室
皮膚はお薬で様子を見ましょうか
ホッ…
続いて…
ワシの出番や
どん!!
どどん!
ワシ…動じない!!
結果…フィラリア陽性そして、腎臓の数値もよくないです
どどどん!
ヒイイイッ
フィラリアは蚊を媒体として心臓などに寄生する厄介な寄生虫
毎月1回の駆虫薬で簡単に予防できるよ!
放っておけば死にいたる感染症だ

異色のコンビ

⑥

まぁ、
覚悟の上
だけどさ…
フィラリアと
腎臓だって…
頑張ってケア
しようね
?

もしかしたら、
元の飼い主に
飼われ続けていたら
お爺は苦しんで
死んでしまうことに
なってたかもしれない

こんなこと
思っちゃいけないのは
わかってるけど
ぐっ…

かいちゃんが
捨てられて良かったと
ほんの少しだけ思って
しまった自分がいた

お願いだから
手放してくれと
言いたくなるほど
不適切な飼い方を
している人は
まだまだ多い

犬は法律上
「所有物」
つまり「物」として
扱われるのが
私たちの暮らす国だ
DOG
FooD

放っておけば
病気にもなるし
それに伴う
苦しみだってある

だって「物」じゃないんだから

日本のおかしな法律も規制もすぐには変わらないのなら

お爺…
ふらっ
すやぁ…

これからたくさん一緒に散歩したり
昼寝したり美味しいもの食べたりしよう

今、目の前にいる君を必ず幸せにしようと思うんだ

うと…
誰よりも一番幸せな老後を
一緒に過ごそう

異色のコンビ ⑦

何故かオセロはお爺に嫌われていても絶大な信頼を寄せていた
ぷり
おじーさん♡
ぷり

そんなお爺のお世話をしていると…
何か視線が…
キラ キラ
じぃいいいっ…
もしかしてあなたもお爺さんの仲間なのですか…?
…
おずっ…
いやでもまだ信用してはいけません…
ごそごそ…
もしや何か武器を!?
はっ

ほらよ
おやつ!!
すっ…
!!
フッ
おかーさんって呼びな…
分け合う=仲間…!
子犬って単純

異色のコンビ

⑧

お爺

子犬のいる生活は常に大忙し
あーっコラーッ
ガジガジ
ガジ
ちー…
トイレそこじゃない〜
あーっまたくつがっっ
はぁ…一日何度同じことを注意すれば…
ねぇ!!ママひどい!!
ぷんすか!!

ええっ
なんで!?
ママは〜オセロばっかりかまってる!
ガーーン…
く
お爺もちゃんとかまってあげて!
わっ
なんて優しい子っ
はうっ
でものんちゃん…お爺は一日中ほぼ寝てるんだなぁ
かまいたくても…
ぐぅ…
ごはんとトイレしか起きない→

異色のコンビ ⑨

生後2か月の時に
我が家にやってきた
オセロは
猫用キャリーに入ってた…
びくっ
数か月で一気に
身体も成長し
色んなことを
覚えていった
一方、年齢不詳で
我が家にやってきた
お爺は
ぼー…

数か月経っても
お爺さんの
ままだった
ぼー…
この世に生を
受けたばかりの
子犬と
残された余生を
ゆっくり過ごすお爺
正反対のようで…
あら
寝てる…
実はよく
似ていたりする
声にならない叫び
ばふっ

「安心」が
この先のふたりを優しく
包み込んでくれますように…
尊すぎる

異色のコンビ ⑩

オセロとお爺が来て
半年が経とうとしていた
ある日…
実は…
家族で保護犬を
迎えようと思って

オセロに里親の
申し込みがあった
こんにちはー!!

声をかけてくれたのは
とても優しいご家族で
話はスムーズに進んだ
わあっ
かわいいー!!

10キロを超えた
立派すぎる子犬に
成長したオセロ

相変わらず
お爺のことが
大好きで
ガウ!!
たたたっ

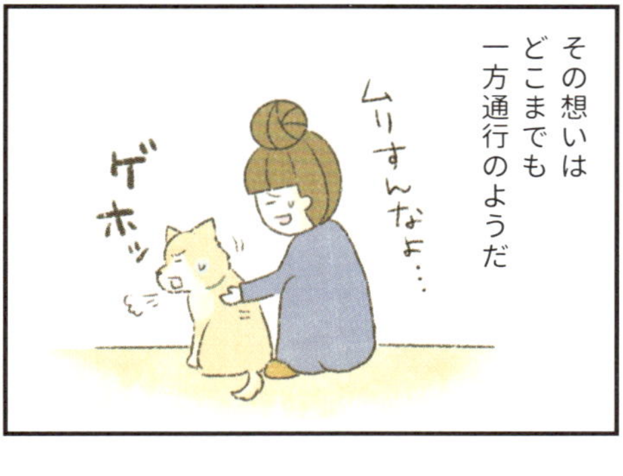
その想いは
どこまでも
一方通行のようだ
ムリすんなよ…
ゲホッ

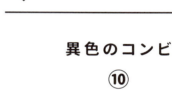

この子はこれから10年20年…もしかしたら30年くらいの
長いようでとても短い時間を過ごします

この子と一緒に保護した犬は年齢もわからないお爺さんわんこです

楽しいことも多いけどやっぱり大変なこともたくさんあります
そこは子犬も老犬も関係ないと思います

でも残された時間は多分子犬ほど多くはありません

お爺…オセロがね
ここを巣立っていくよ

さびしくなるねぇ
わしゃ知らん

異色のコンビ

⑪

ついにオセロが我が家から巣立つ日を迎えた
トライアル初日!
わあっ
問題なさそうですね

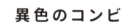

それでも…
歳を取っても
ボケても
病気しても
行っておいで
犬って
いつでも
可愛いですよ
オセロの
こと…
たたっ
これから
よろしく
お願いします
もちろん
です!
大切な
家族です
もんね
一方、オセロが
いなくなった
我が家はというと…
シーン…
ただいま〜
ぐぅ

シーン…
子犬が
いないだけで
この静けさ
静まり
返っていた

異色のコンビ

⑫

お爺の通院の日…
何か
視線が…
ぷる
ぷる
誰!?
なんで
泣いて…!?

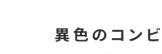

ごめんなさい
前に飼ってた犬に似てたもので…
ちょっと
触ってもいいかしら
そっ…
あっ
すみません
急に触ると…

わんっ!!
Don't Touch Me!!
びくっ
言わんこっちゃない…

すみません…
急に触られるの苦手で…
ぽろ
ぽろ
ってマダム!?

そんなに怖かった…?
どうしよ…
あた
ふた
取り乱しちゃってごめんなさいね…

うちの子もそんな性格だったの…
ガンコな子でね…
この子、名前は?
ほっ
ふぁ…
そういうことかぁ…

えっと、かいちゃんです!
…
かいちゃん!素敵な名前ね

異色のコンビ

⑬

かいちゃん元気でね!
ありがとう
大好きよ

うちの子は病気してすぐに死んでしまって…
そうだったんですね
どこか懐かしそうに愛おしそうにお爺に触れた
この人がもっと過ごしたかった『大切な時間』がきっとあるんだろう
もしかしたらお爺を通して大切な「うちの子」に会っていたのかもしれない
マダムとお別れした後にふと思った
あなたも元気でね!
マダム…
はい!
今一緒に過ごしているこの時間はきっと何よりもかけがえのないものなんだろう
よし!!
お爺!
帰ったらおやつにしようか!

笑える介護 ①

いつもぐるぐる回り続けているお爺だが…
ぐるぐーる..
いい匂いがすると
ふわん…
くん
くん
まっすぐ歩ける(時もある)
お…!! お爺がまっすぐ歩いてる~
てっち
メシの時間かのう…
てっち

だがしかし…
おじい~
あれ…
宿題中
目的地に辿り着くとは限らない
こっちじゃなかったか…
てっち
てっち
台所はこっちよ~
進めない…
かべ
しかしお爺は諦めない
おじい~
もういいもん…

結果お爺はいつもウーバーイーツ
お届けでーす

笑える介護

②

我が家のお爺は一度寝ると…
いってきまーす
Z z…

なかなか起きない
ただいまー ってまだ寝てる!
Z z…

むくり…
あー起きた

…ぷぷっ
!?
?

あははははっ
?
?
どうしたー?
ドタドタ…

どん!
口がかわいて歯にくっついたご様子
お爺変顔~
変な顔!

反則…
かわいすぎて
ムリ…
ふぁ…

なんで
みんな
笑ってるん…
ココ

笑える介護

③

お爺はよく寝ている
くぴー…

寝る場所は
どこでもいいらしい
じゃま…
廊下の
ど真ん中…

そして我が家には
盲目のふみふみ職人がいる
ふみっ
ふみっ

ふみふみできれば
何でもいいらしい
キョロ
キョロ

そんなふたりが
出会うと…
ややっ？
くぴー
ふみっ

天気がいい日は
お風呂日和
じいさん
今日は天気が
いいのでフロに
入りますよ
天気いい
からって…
わっしゃ
ワシは
洗たくもんや
ないで…
わっしゃ
ちょっと
まってて一
ドライヤー
もってくるー
ちーん…
放置
あれー
どこ置い
たっけなー
うと…
うと…

こうなる
ふみっ
ふみっ
この光景、
何度見ても…
んじいっ…
爺さんと
孫にしか
見えない
長生き
してね
いつも
すまんなあ

笑える介護

④

あったあったー
…ん？
すぴぃ…
何なのこの可愛い生き物は
くぅぅぅぅぅっ
こくっ

笑える介護

⑤

お爺が来てから一年が経った頃新スキル『夜鳴き』が発動した
わんっわんっ
起こせ
はーい
もうこんな時間か…
よっこいせー
すっく
わんっわんっ
はいはーい
ゆっくりお飲みー
ペチペチ…
わんわーんっ
はーい
あらうんこしたんやね
スッキリしたかい？
ぐるぐる

はいよー
わんっ
わ゛ん

はいはい
次はお水かなて
わんわんっ
ヨボッ

そして、朝…
げっそりーに…
そんな…
もう朝…?
…んて。

すやぁ…

爺様に手を焼き
爺様に癒される
今日この頃です
あらやだ…
天使が見えるわ…
すやすやぁ

笑える介護

⑥

自力で立つことができなくなった我が家のお爺さん
わんわんっ
おい そこのお前 起こすのだ!!

こうなったら…
お爺をカスタマイズします!!
バァアン!
えっ サイコパス!?

数日後…
ちゃーーーん
車イスが届いた!!
車イスだ!!
ざわ‥
ざわ‥
でも…これってさ多分…
だらーん
うん…間違いないよ…
ざわ‥
てへ☆
サイズミスったわ☆
見りゃわかるわ
いい加減にしろよ
…と言うことで同じ地域の何でも屋さんを召喚!
いや飲食店やってます

ちゃきーーん!!
ピッタリ
ピッタリだ
くるっ
お…歩き出した!!
ニコーッ
お爺うれしそう!!
ぐるぐる回ってるだけなのに!!

笑える介護

⑦

ある朝…
安らかっ
お爺～
おはよー
!?
わな
この状態
もしかして…
お爺っ
しっ…
…死っ…
わなっ
ぱ
ち
…んでなかった!!
ビビった～
ある昼…
あれ?
朝から一度も
起きてないような…
ハッ
しーん…
待てよ
何だか
呼吸して
ない気が…
ハッ
まさか
今度こそ
本当に…
しっ…
パリン
生存確認
失礼しマス…
すっー…
すー…
すー…
よかったあ
ほっ

ぐりぐり…
んもー心配かけるなよおーーう

笑える介護

⑧

お爺は我が家に来た時から『お爺』だった
寝てばかりっっ…

でも怒る時は怒るし
ガウ!!
ビクッ

散歩も元気に行って

静かだけど自己主張もよくしていた
ギク
じーー…
視線を感じる…

でも、お爺の身体はだんだん不自由になって

とうとう自力で歩くことができなくなった

笑える介護 ⑨

お爺は
笑わなくなった
…

天気のいい日に
出かけても

美味しいものを
あげても、お爺の
表情は変わらない

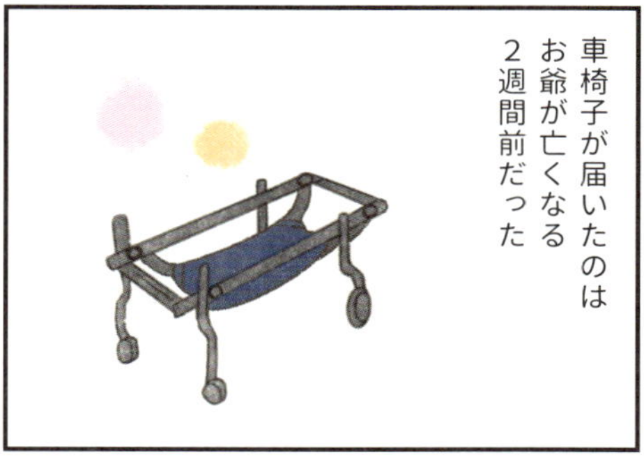
車椅子が届いたのは
お爺が亡くなる
2週間前だった

お爺はすっかり
首も傾いてしまって

もう前足にも
あまり力が入らない
ぐにゃり…
ああっ
お爺ーー!!
…

それでも、
『歩きたい』と
『立ち上がりたい』と
毎日訴えてきた
わんっ
わんっ
ぴょこ
ぴょこ

そんな時に
届いた車椅子
車イスデビュー!!
うーん…
うまく歩けないねぇ
前足に力が入らないからね
どうかなぁ…

カスタム更新中…
ここにもう一枚
タオルを…
なるほど!!
カラ…
お?

シャー!!!
歩いた!
というよりむしろ…
走ってる〜!
きんちゃん走り…!!
いや、ナルト!?

ねえ!!
ホラ見て
ん?

お爺、笑ってるよ
しっぽもごきげん

私はお爺が亡くなる
3日前に見せてくれた
この姿をきっと、
一生忘れないだろう
ふり♪
ふり♪

笑える介護

⑩

ある秋の日の朝
お爺は私の腕の中で
静かに旅立っていった

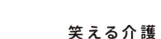

老犬臭がしない…
重さも匂いも
温もりも一瞬で
変わってしまった
それでも
骨になっても
姿が見えなくても
そばにいる気がする
だってほら、
抱き上げると
こんなにも
愛おしい
この気持ちは
きっと君との
日々が私に
くれたものだから
ひゃーー
永遠に色あせる
ことはないだろう
もー!!
命はとても儚くて
目には見えない
だからこそ、
大切にしたいと
思うんだ
お爺、
また君に会いたいよ
もしもう一度
生まれ変わったら
またおかーさんの
ところにおいでね
ワシはまだ
遊ぶもーん

お爺

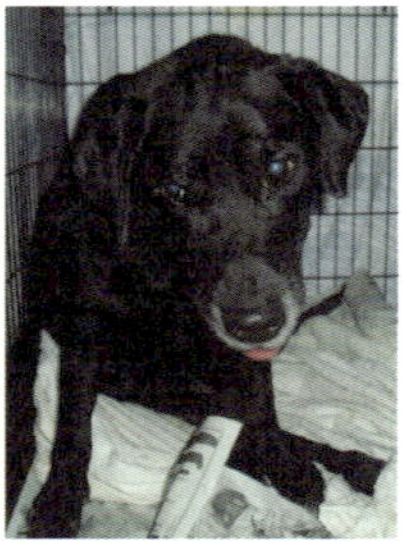

はまじぃ

CHAPTER 4

はまじぃ

» はまじぃとヨメ

» “はまじぃの「ヨメ」” からのMESSAGE

はまじぃとヨメ ①

私は10年以上前
ふとしたことが
きっかけで大阪にある
保護施設で働いていた
あせ
あせ
犬猫合わせて五百匹以上が
生活を送るこの施設で
わんっ
私は『はまじぃ』という
1頭の老犬に出会った
むっ
すぅ
ん？

通称「ハマ」と呼ばれる
その大型犬は足が
不自由な老犬だった
足がもつれたのか！
よし!! 今、起こして…
OK！
私のハマの印象は…
わんっ
わんっ
何ボサッとしとんねん ワレーーッ
ぐぬっ…
わんっ
（はよ起こせ）
頑固爺
食べ物に対する
執着も人一倍だし
どっちもあるよー…
ガルルル…
おやつ

他の犬と
喧嘩になることなんて
日常茶飯事
ガウガウッ
コラーッ
そんなハマでも
ある人の前では
子犬のような
目になる時がある
パァッ
はまー
これはそんな
はまじぃと
ある人の
物語だ

「加賀爪さん」は
私の上司だ
「・・・・・かがつめ」と
読みますー
明るくて優しくて
しっかりしていて
今でも私の憧れだ
これどーしましょ
それはねー
ハマはそんな
加賀爪さんのことが
大好きだった
ヨメ。オレのヨメ。
はいはい
加賀爪さんが行くところ
行くところ付け回して
忙し忙し
どこいくんやヨメ…

はまじぃとヨメ

②

ごめん!!
この部屋は入られへんから!
ハマはここまでな…
ガーン…

病的なその愛は見事なまでのストーカーだった
ここで待つか…
はまよ…人間だったら完全アウトよ…

本当に加賀爪さん愛がすごいですねぇ
ふふ♡
そうなんですか?
最初はこんなんじゃなかってんで〜
なー♡

にこ〜
だって私最初めっちゃ噛まれてんもん
手ぇ血まみれやってんで
!?

はまじぃとヨメ

③

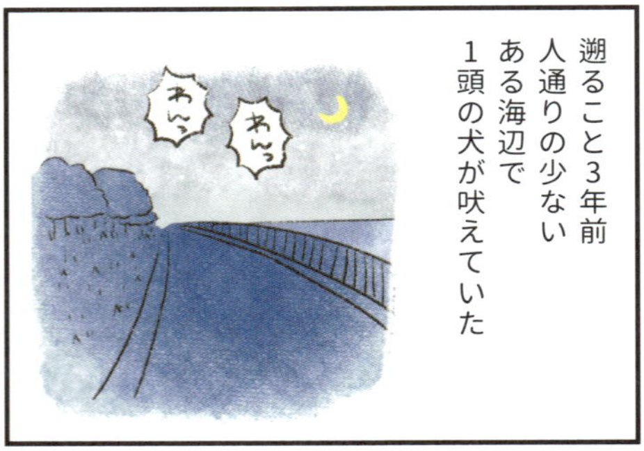
遡ること3年前人通りの少ないある海辺で1頭の犬が吠えていた
わんっ
わんっ

付近の人達がその声に気づきかけよると黒い大きな犬が座り込んでいた

うーん
かなり年寄りっぽいね
迷子かなぁ
あっ雨っ
とりあえず雨のかからない所に移動しよう
ほら!
ワンちゃん立って!

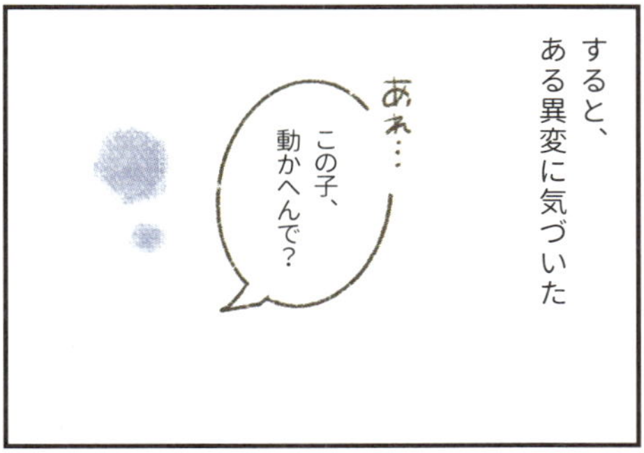
すると、
ある異変に気づいた
あれ…
この子、
動かへんで?

ハマは保護当時
歩行どころか
立つことすらできなかった

立てないのに、
歩けないのに…
こんなところに
一匹で来ることは
不可能に近いだろう

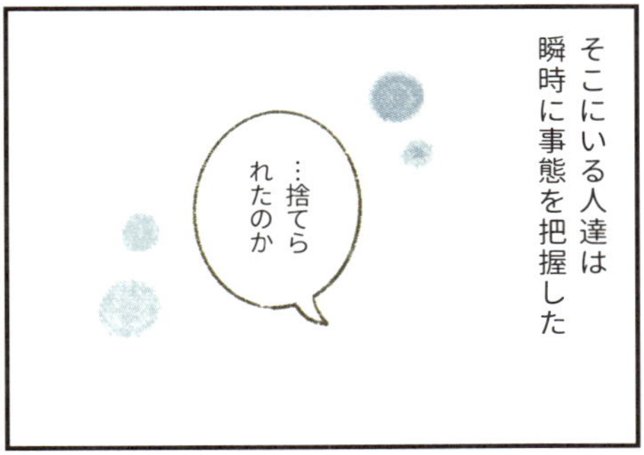
そこにいる人達は
瞬時に事態を把握した
…捨てら
れたのか

その数分後、
施設の電話が鳴った

はまじぃとヨメ

④

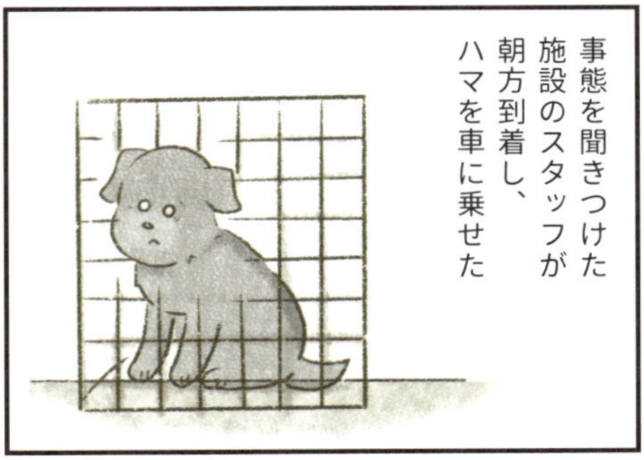
事態を聞きつけた
施設のスタッフが
朝方到着し、
ハマを車に乗せた

何時間も眠らずに
吠え続けたハマの
精神状態は
もう限界に近かった

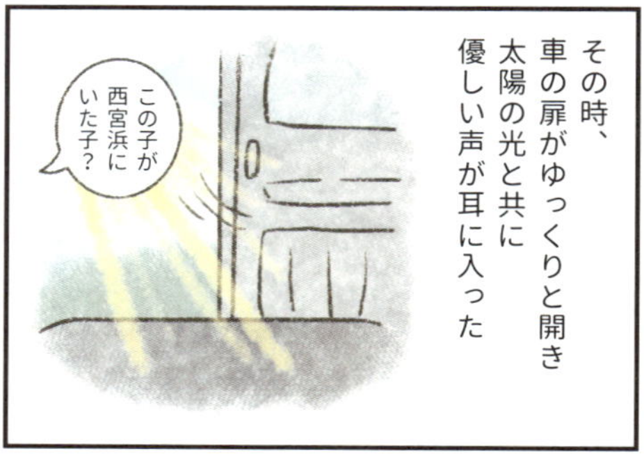
その時、
車の扉がゆっくりと開き
太陽の光と共に
優しい声が耳に入った
この子が西宮浜にいた子？

君かぁ
大変やったなぁ
結構年やなぁ

もう
大丈夫やで
そっ…
びくっ

ハマは咄嗟に
その手に噛み付いた
ガブッ
ガブッ

ハマは怖かったんだ
おずっ…
怯えた目で
ゆっくりと見上げると

その女性は笑っていた
ごめんなぁ
会ったばっかやのにびっくりしたなぁ

それがふたりの
「出会い」だった

はまじぃとヨメ

⑤

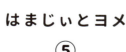

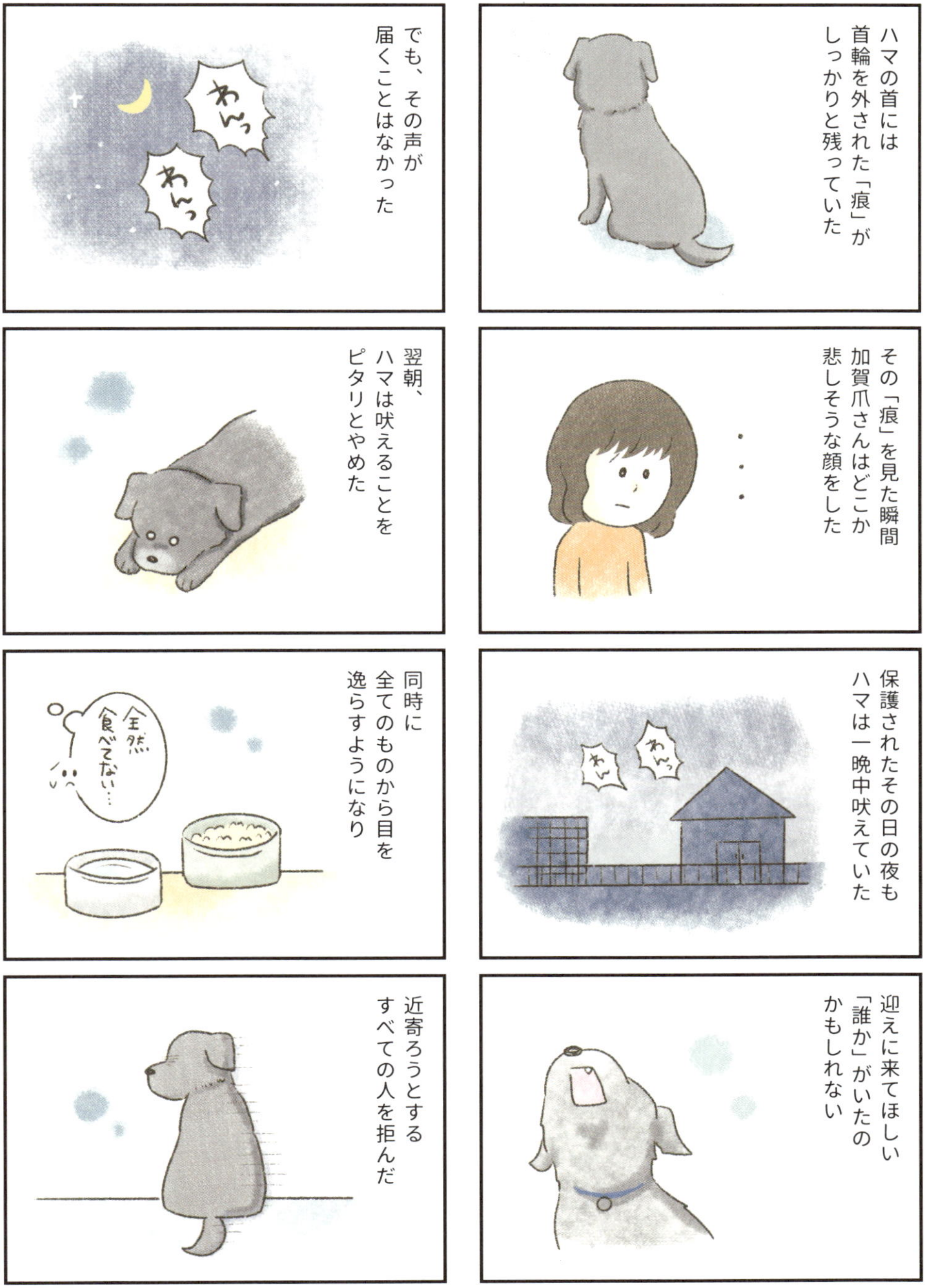
ハマの首には
首輪を外された「痕」が
しっかりと残っていた
その「痕」を見た瞬間
加賀爪さんはどこか
悲しそうな顔をした
・・・
保護されたその日の夜も
ハマは一晩中吠えていた
わんっ
わん
迎えに来てほしい
「誰か」がいたの
かもしれない
でも、その声が
届くことはなかった
わんっ
わんっ
翌朝、
ハマは吠えることを
ピタリとやめた
同時に
全てのものから目を
逸らすようになり
全然食べてない…
近寄ろうとする
すべての人を拒んだ

はまじぃとヨメ ⑥

心を閉ざしてしまった
ハマは誰に対しても
唸るようになった
ヴーーッ

だけど、加賀爪さんも
決して諦めなかった
はまちゃん!
歩いて
みよう!

1日に何度もハマのもとへ
足を運び、声をかけた
ごはん
食べた?
はまー♡
ずもも…

ガウ
ガウッ
しつこいねんっ
ええ加減に
せぇよっ

自分に懐いてほしい
わけじゃなかった
やっぱりーっ?

加賀爪さんはただ、
ハマの身体に触れたかった

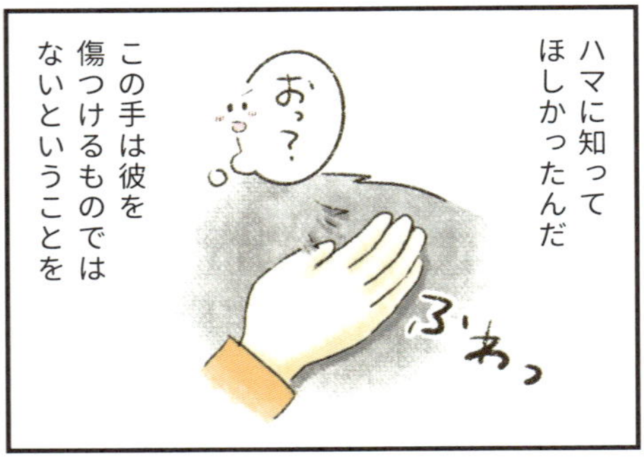
ハマに知って
ほしかったんだ
この手は彼を
傷つけるものでは
ないということを
おっ?
ふわっ

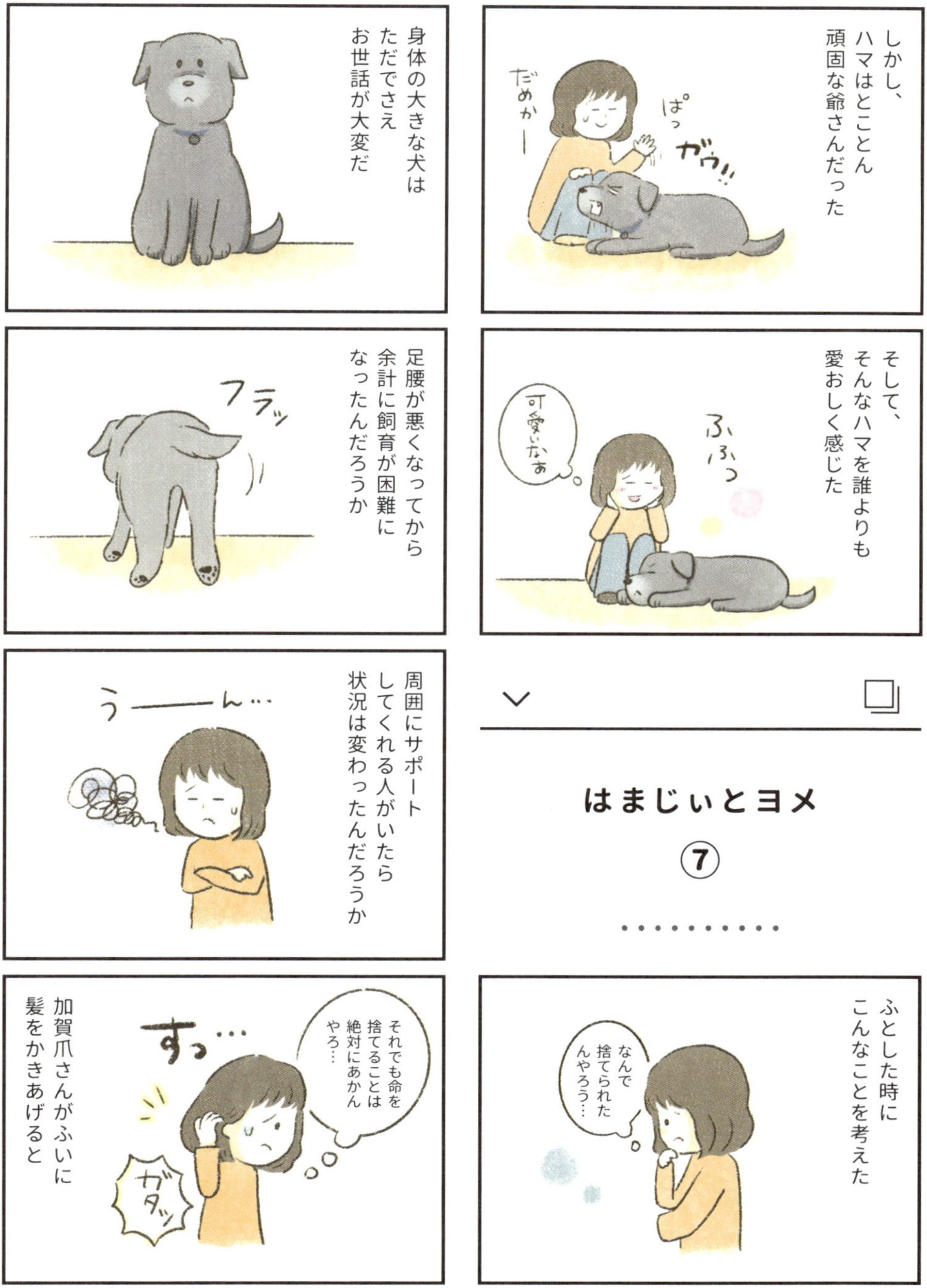
しかし、
ハマはとことん
頑固な爺さんだった
だめかー
ぱっ
ガウ!!
そして、
そんなハマを誰よりも
愛おしく感じた
可愛いなあ
ふふっ
はまじぃとヨメ
⑦
ふとした時に
こんなことを考えた
なんで捨てられたんやろう…
身体の大きな犬は
ただでさえ
お世話が大変だ
足腰が悪くなってから
余計に飼育が困難に
なったんだろうか
フラッ
周囲にサポート
してくれる人がいたら
状況は変わったんだろうか
うーーん…
それでも命を捨てることは絶対にあかんやろ…
すっ…
ガタッ
加賀爪さんがふいに
髪をかきあげると

ハマは咄嗟に目を閉じ
身体をこわばらせた
びくぅ

「ハンドシャイ」と
呼ばれるその行動は
はま…？

ハマが叩かれて
暮らしていたことの
何よりの証拠だろう
おずっ…

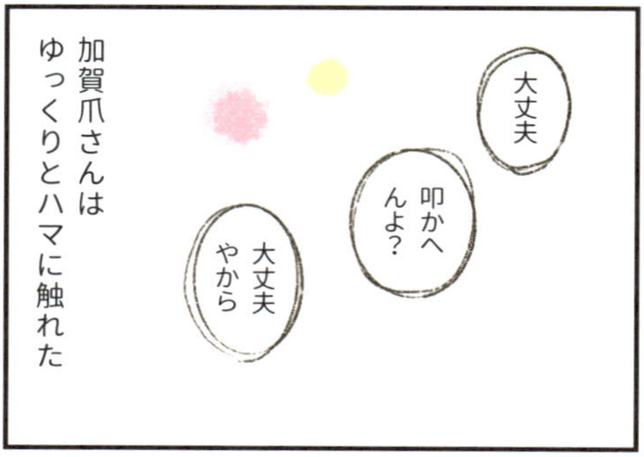
加賀爪さんは
ゆっくりとハマに触れた
大丈夫
叩かへんよ？
大丈夫やから

深い噛み傷を負った
その手はとても
温かかった

はまじぃとヨメ
⑧

ハマは少しずつ
環境を受け入れ始めた
ちゃんと食べてる！

しかし、
人に対する不信感は
相変わらずだった
ゔーーっ
やんのんか？

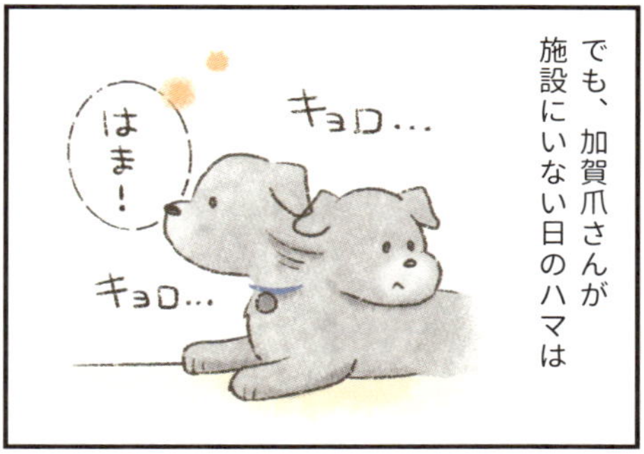
でも、加賀爪さんが
施設にいない日のハマは
キョロ…
はま！
キョロ…

どこか退屈そうだった
今日は静かやなぁ

次の日…
はま！
ぱっ

おはよう！
…ってあれ？

その日の
ハマの反応は
いつもと違った
パタ
パタ
ハマ…？

シッポ振ってるぅーー!?
ウソーー!?

はまじぃとヨメ

⑨

その日は
あまりにも突然
やってきた
…はま？

ぶん
ぶん♪

加賀爪さんの思いが
ようやくハマに
届いた瞬間だった

ありがとう
ありがとう
ハマ

ハマはご飯もよく
食べるようになり
みるみる元気になっていった
ハマ!!
完食したねぇ!!
ドヤ!
カラ

加賀爪さん以外の
スタッフにも
少しずつ慣れ始めていた
はまー
おはよう
おう

ようやく思いが通じた
ふたりだったが、
常に一緒にいられる
わけではなかった
あ、電話っ
RRR

気づけばハマは
いつも加賀爪さんの
姿を目で追うように
なっていった
じっ…
忙しそう
やなぁ…

1メートル、
いや50センチでも歩けたら
もう少し側に行けただろう

足の動かないハマは
待つことしかできなかった

はまじぃとヨメ

⑩

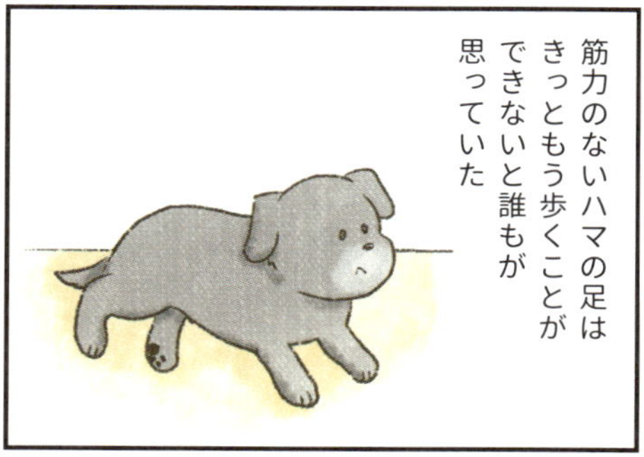
筋力のないハマの足は
きっともう歩くことが
できないと誰もが
思っていた

歩けないハマはいつも
去って行く加賀爪さんの
背中を見つめていた

そのうちに
ハマにある感情が
芽生えた
ぐぐ…っ

「側に行きたい」
「一緒にいたい」
ぺたんっ

ハマは諦めなかった
もう一度
歩きたい

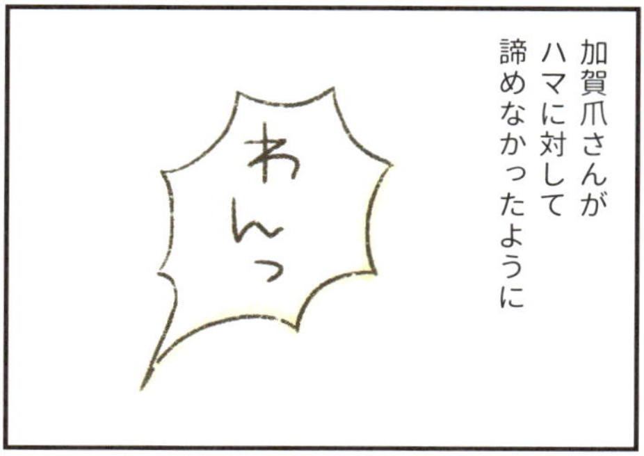
加賀爪さんが
ハマに対して
諦めなかったように
わんっ

はまじぃとヨメ
⑪

加賀爪さんが
ゆっくり振り返ると
?

ハマ…?
ハマは自分の足で
立っていた

立ち上がることすら
できなかったハマが
3本足で弱々しく
立っていた

たった一つの
その「想い」が
自分で
歩いたん…?
わんっ

40キロ近い体重を
支える姿は
今にも崩れそうだった
ぐらっ

動かなかった
ハマの足を支え、
再び動かした
ぐすっ

ハマは顔を上げた
すっ…

ハマが一番見たかった
景色がそこにはあった
すごいやん!!

その日からハマは
少しずつ歩くようになった
よろっ

3本しか使えなかった足は
いつの間にか
4本とも使えるようになった

ハマはいつも
加賀爪さんについて回った
トイレ
はまー…
なんや?

そして、立派な
ストーカーへと
成長を遂げたのだった
ばたんっ
トイレ
どこ行くんやヨメー!!

はまじぃとヨメ

⑫

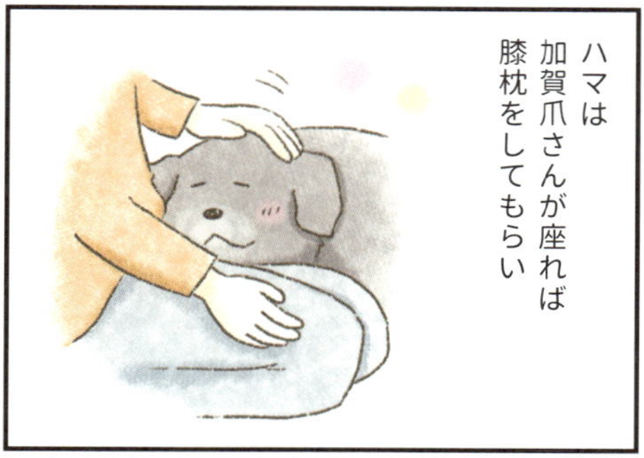
ハマは
加賀爪さんが座れば
膝枕をしてもらい

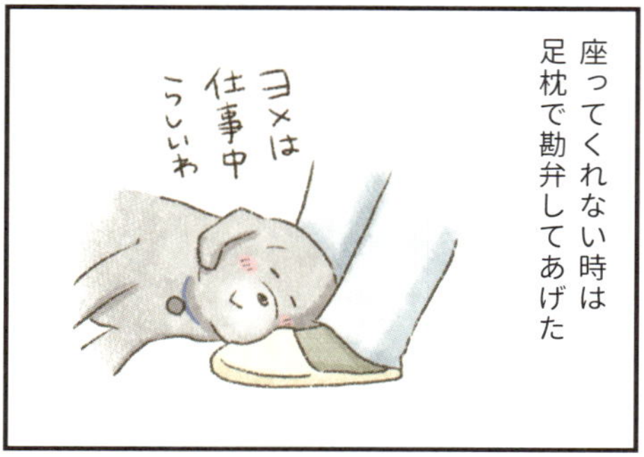
座ってくれない時は
足枕で勘弁してあげた
ヨメは仕事中らしいわ

嬉しい時には
ジャンプだってできる
ようになった
おやつ！
どんな治療やリハビリも
きっと敵わない
食べる？
おやつ
もちろん！
原動力はいつだって
この笑顔だ
血のつながりもなければ
言葉も通じない
シッポの生えた1匹と1人

目には見えない
確かな「絆」が
そこには存在した
これをきっと紛れもない
「家族」と呼ぶのだろう

はまじぃとヨメ ⑬

はまじぃは諦めの悪い
頑固爺さんだ
足もつれっ
あれま

ぐぬぬ…
立てへん…
頑張って ハマ〜! ファイト!
※頑張れば自力で立てます
ガウガウッ
ボサッとしてんと起こしーや!!
ええーっ
リハビリになるし自分で立った方がいいんやけど…
ま、いいか
はいよー
ぐいっ
ふんっ
スタコラ
全く 急いでんねん こっちは!!
理不尽
サッサ

またある日…
コラー!! それはゴンちゃんのー!!
ボー…
ガッ
ガッ
全くもう…
ぷっ
なぁ 見て あの顔
?
あははっ
ごはん粒だらけやでー
その頑固さはいつだって
みんなに元気と
笑いを与えてくれた

はまじぃとヨメ

⑭

じーっ
なんや
なんや
ハマってイケメンですよね
加賀爪さん!
キリッ
そうかなー?
な…すび…?
来た時はなすびみたいな顔やってんで
ちょっと待ってなー
写真見せたげるわ
同じ犬なのに顔って変わるの?
ぶるっ
あったこれや!!
顔全然ちがう!!
別犬!?
この2年間でほんま顔変わってん
本当ですね
ああ!
そうかきっと…
時間をかけて愛情をかけたらきっと人も犬も優しい顔になるんだろうなぁ
ごめんてー
なすびちゃう!!

はまじぃとヨメ ⑮

時に笑ったり、喜んだり
悩んだり、怒ったり
ふんっ
コラー!!
ハマー!!
この紙ぺらめ!!
ペットシート
ハマと過ごす
日常はとても忙しく
どの時間を切り取っても
愛おしい時間
もう!!
ゆっくりと流れていく
時間の中で
ドヤ!!

ハマには他にも
たくさんの家族ができた
そして、
たくさんの友達にも
囲まれていた
そんな幸せな日々の中で
ゆっくりと
年老いていった

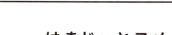

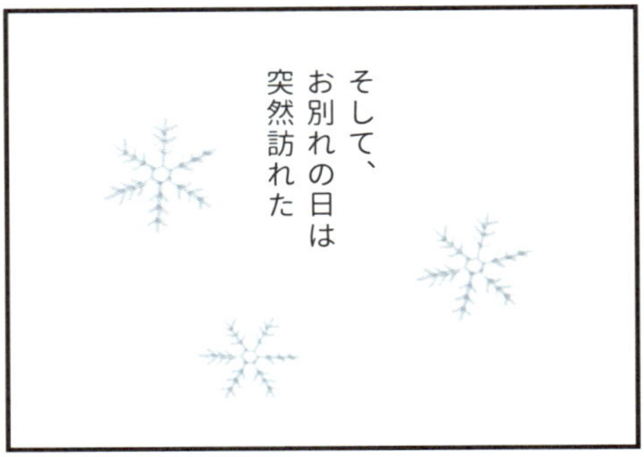
そして、
お別れの日は
突然訪れた

はまじぃとヨメ

⑯

施設に来て3年目の冬
ハマは加賀爪さんの
膝の温もりを感じながら
眠るように息を引き取った

最初に出会った頃からは
想像できないほど

幸せそうな顔をした
ハマを見送った
加賀爪さんに
後悔はなかった

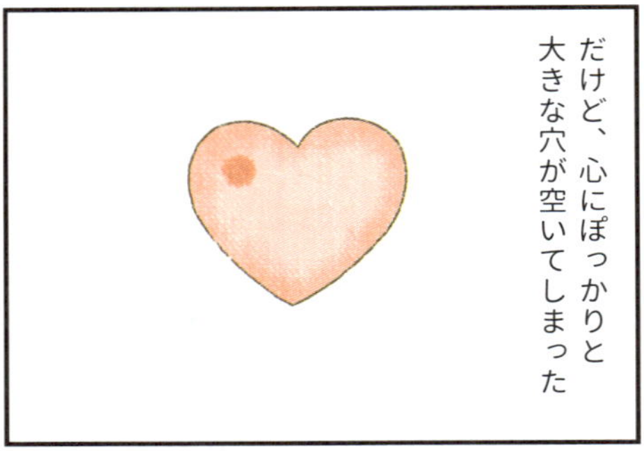
だけど、心にぽっかりと
大きな穴が空いてしまった

でも、その穴を
他の何かで埋めようとは
決してしなかった

たくさんの悩みや困難も
たくさんの笑顔も
幸せな時間も

全部教えてくれたのは
ハマだったから
「全て」を受け止めて
大切にしたいと思った

はまじぃとヨメ ⑰

ここは大阪の山奥にある
動物の保護施設
わんっ
わんっ

ここには毎日
数え切れないほどの
相談が寄せられる
飼えなく
なりました
噛むんです
理由は様々だが
中には耳を疑うような
内容もあった
私は犬に
好かれる
人間なのに
叱ったら
もっと噛む
ようになった
きっと
この子は
病気なんだ
ぺら
ぺら
「捨てる」ということに
賛同しているわけじゃない
犬のためだと
自分に言い聞かせた
…こちらで
引き取り
ますね
この人に
飼われるこの子が
可哀想…
捨てた飼い主は
安堵に満ちた表情で
去っていった
助かったよ
ありがとう

彼らはその後ろ姿を
ただ見つめていた
私は一体
何をしているんだろう
指の間から砂が
落ちていくみたいだ
きっと救われたのは
心ない飼い主達
助かったよ
ありがとう

私が本当にすくいたかった
ものは一体何なのだろう

はまじぃとヨメ ⑱

しかし、そんな
飼い主ばかりではなかった
中でも介護の問題は
特に深刻であり
わんっ
わんっ
近年、
食事や医療が発達し
犬の平均寿命がどんどん
延びていく中で
多くの問題も増えた
夜鳴き
寝たきり
苦情
認知症
お金

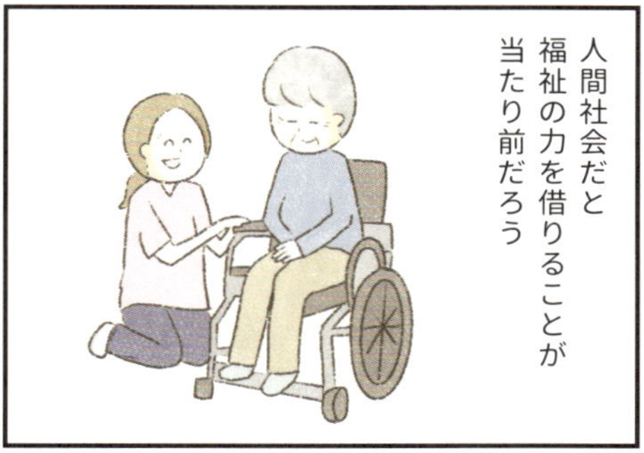
人間社会だと
福祉の力を借りることが
当たり前だろう

「動物福祉」という
制度が浸透していない
この社会では
ペットホテル…
高いな…
わんっ
わん

長期間の介護生活の中で
弱音すら
吐けない人が大勢いる
それは…
飼い主の責任でしょ
自分の犬なんだから
そうよね
そ…

寝不足が続き、
ストレスが重なると
人間というものは
正常な判断ができなくなる
あの～
うるさいので
もう少し
静かにしてくれません？
近所の人
すみません
本当にすみません

変わり果てた
「家族」の姿を前に
もし
この子が
早く
死んで
くれたら
わんっ
わんっ
ぼ…

変わってしまいそうな
自分に気づいて絶望する
日々の中には
くぅ～ん
ハッ
私…今
なんてことを

介護にいたるまで
多くの幸せが
あったはずなんだ
はいはい
ごはんっ
ごはんっ♪

はまじぃとヨメ

⑲

そういう悩みに潰されそうな人達を嫌と言うほど見てきた
いつか自分の手で殺してしまうんじゃないかって
毎日本当に怖くて…
わっ
犬への愛情の深さは、その犬自身を見ればわかる
爪もキレイで介護汚れも少ないな…
こんなにもしっかりお手入れしてある
愛を失ってしまった訳では決してなかった
真っ直ぐに愛を伝えられないからこんなにも苦しいんだ
ごめんね
ごめんね…
もし、数時間だけでも預かってくれる人がいたら
今日も寝てくれない…
一緒に悩みながらでも介護を楽しむことができたなら
ほんの少しでも手を差し伸べることができれば
ぽん
みんなで支え合うことができればきっと、「飼い続ける」ことができるかもしれない
私が心からすくいたかったものを
もしかしたら守れるんじゃないだろうか

施設を退職後、
加賀爪さんは同僚と共に

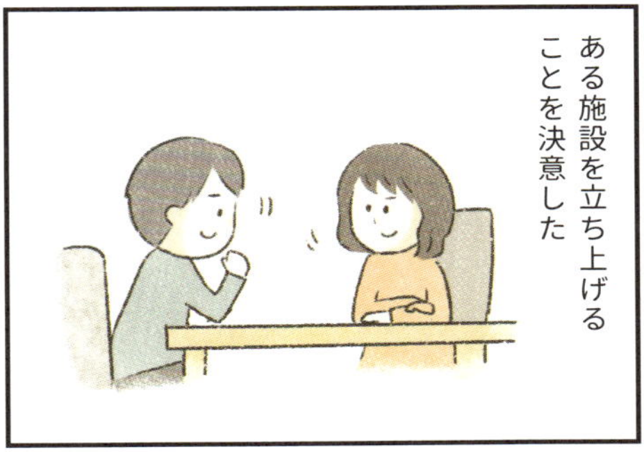
ある施設を立ち上げる
ことを決意した

はまじぃとヨメ ⑳

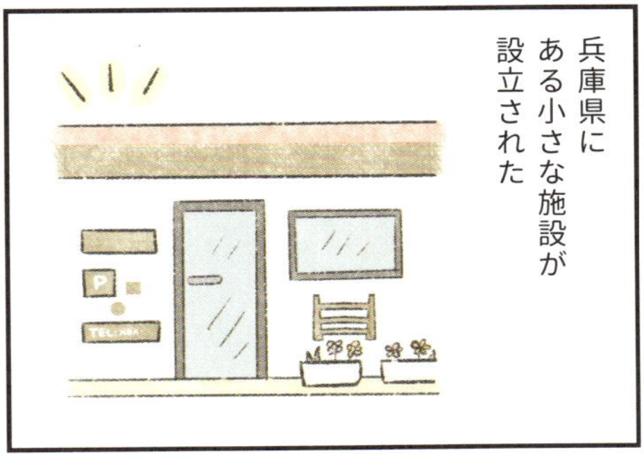
兵庫県に
ある小さな施設が
設立された

ここでは
ペットホテルなどの
売り上げや寄付を通して
介護が必要な子は
無料でサポートが
受けられる

ここに来る子は
お互いに刺激を受けながら
穏やかに過ごしている

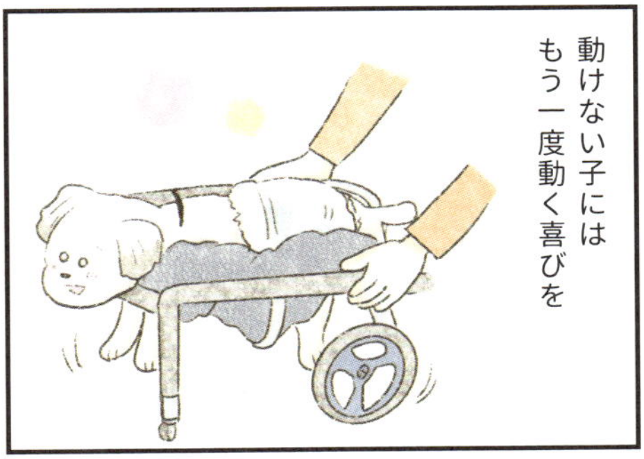
動けない子には
もう一度動く喜びを

笑顔が少ない子も
…

きっと笑顔を取り戻せる

ここは老犬ホームでも
保護施設でもない
楽しかった？
おうち帰ろうね
「飼い続ける」を
サポートする場所だ

家族の愛を
失わないように

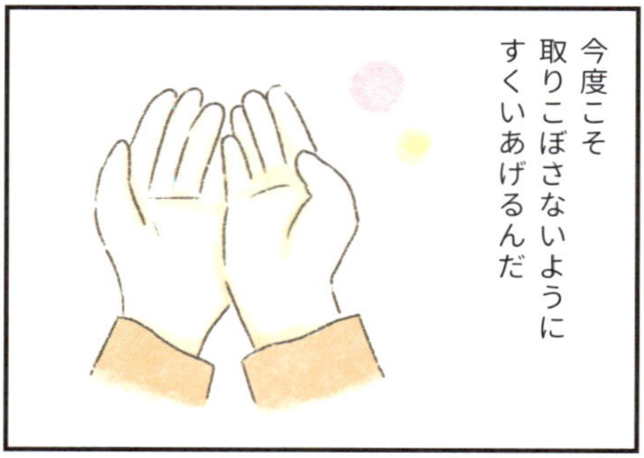
今度こそ
取りこぼさないように
すくいあげるんだ

その施設の名前は
「はまじぃの家」

はまじぃとヨメ

㉑

どんなに歳を取っても
歩くことができなくても
誰かに見捨てられたとしても

きっと
「心」はそこにある
ぱた
ぱた

だからこそ
全力で寄り添うんだ
何度だってきっと
立ち上がれることを
何度だって
いつからだって
歩き出せることを
たっ
諦めないということを
ハマが教えてくれたから
ありがとう
はまじぃ

MESSAGE

はまじぃの「ヨメ」こと加賀爪です。

遡ること、二十年前――

私はペットロスに陥り、目も当てられないほどの悲壮感たっぷりな人間でした。

そんな時に知ってしまった保護施設の存在。そこには五百匹近くの犬や猫がいて、そのほとんどが一度誰かに飼われていたであろうと想像できる子達でした。

愛犬との別れを受け入れられず、喪失感と後悔で泣いてばかりの日々を過ごしていた私でしたが、そこに居る子達の元家族は愛犬との別れを自ら望んで早めてしまったのか……と愕然としたと同時に、この子達はどんな気持ちでここに居るのだろう……と想像し心の奥がキューとなったことを今でも鮮明に覚えています。

そして居ても立っても居られず、会社を辞めました。気付けば、ペットロスなんてどこかに飛んでいってました。

現実を目の当たりにする保護施設の現場で働くなんて辛いに決まっていると覚悟していましたが、やはり生半可な気持ちでは務まらない現場でした。愛犬や愛猫をいとも簡単に捨てる人間には「怒り」、捨てられた子達には「悲しみ」。毎日のように負の感情が渦巻く現場。

そんな中に現れた「はまじぃ」。はまじぃが見せてくれた感情の変化は「心に寄り添う」ことの大切さを教えてくれました。

それはきっと人間に対しても同じなんだと思います。「怒り」や「憎しみ」の感情を抱いてもその先に何も良いことは生まれない。少し寄り添ってみることで、何か解決策が生まれるかもしれない。もしかすると、はまじぃの元の家族も誰かに頼ることができれば最期まで一緒にいられたかもしれない。

捨てられた子達は飼い主に対して「怒り」や「憎しみ」の感情は抱いておらず、きっと「悲しみ」の感情だけだと思います。家族とずっと一緒に居たいだけ、ただただ、愛されたいだけなんです。その「愛」を護ることが今の私にできることだと思っています。

動物愛護は保護活動だけではないはずなのです。

今の私にできることはたくさんの動物を保護することではなく、今悩んで悲しい選択をするかもしれない目の前の人と動物を救うこと――動物にとっての幸せは大好きな家族と最期まで一緒にいることだと私は思っています。

そしてそれを実現するには私一人ではできません。

私を動物好きにしてくれた両親、今まで関わってくださった方々や動物達、たまさんをはじめ、はまじぃの家を支援してくださる皆様、一緒に動いてくれる仲間、そして「はまじぃ」。すべてに感謝。

この先も感謝の気持ちを忘れず、そして次の課題へ取り組んでいきたいと思っています。

一般社団法人はまじぃの家　代表理事　加賀爪　啓子

CHAPTER 5

» 保護犬じゃなくてごめんなさい

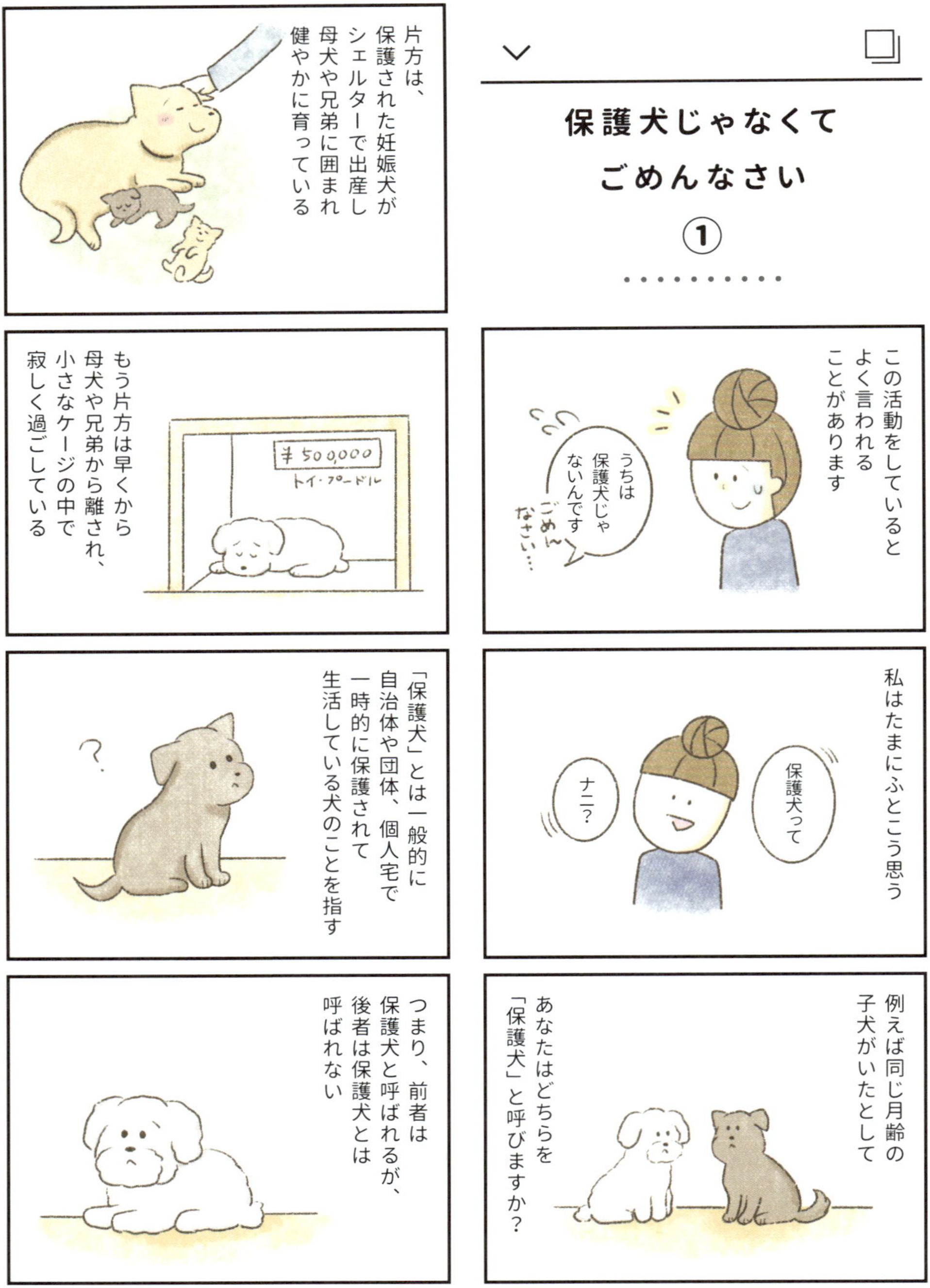
保護犬じゃなくて
ごめんなさい
①
この活動をしていると
よく言われる
ことがあります
うちは保護犬じゃないんです
ごめんなさい…
私はたまにふとこう思う
保護犬って
ナニ？
例えば同じ月齢の子犬がいたとして
あなたはどちらを「保護犬」と呼びますか？
片方は、保護された妊娠犬がシェルターで出産し母犬や兄弟に囲まれ健やかに育っている
もう片方は早くから母犬や兄弟から離され、小さなケージの中で寂しく過ごしている
¥500,000
トイ・プードル
「保護犬」とは一般的に自治体や団体、個人宅で一時的に保護されて生活している犬のことを指す
つまり、前者は保護犬と呼ばれるが、後者は保護犬とは呼ばれない

「保護」という言葉は
護《まも》り保つという漢字で
成り立っている
「保護」
保護されるべき
子犬は前者？
それとも後者？

保護犬じゃなくてごめんなさい ②

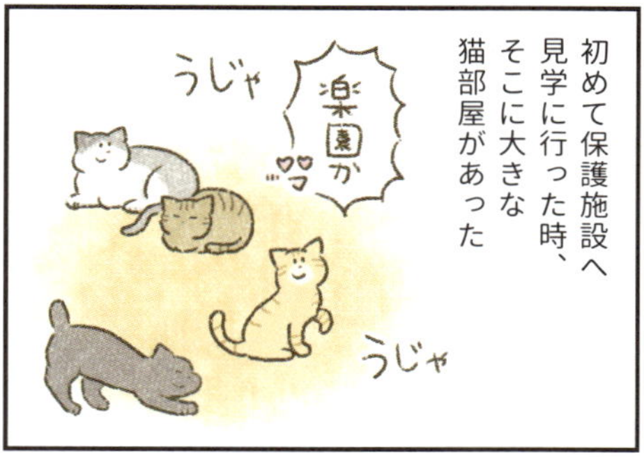
初めて保護施設へ
見学に行った時、
そこに大きな
猫部屋があった
うじゃ
楽園か
うじゃ

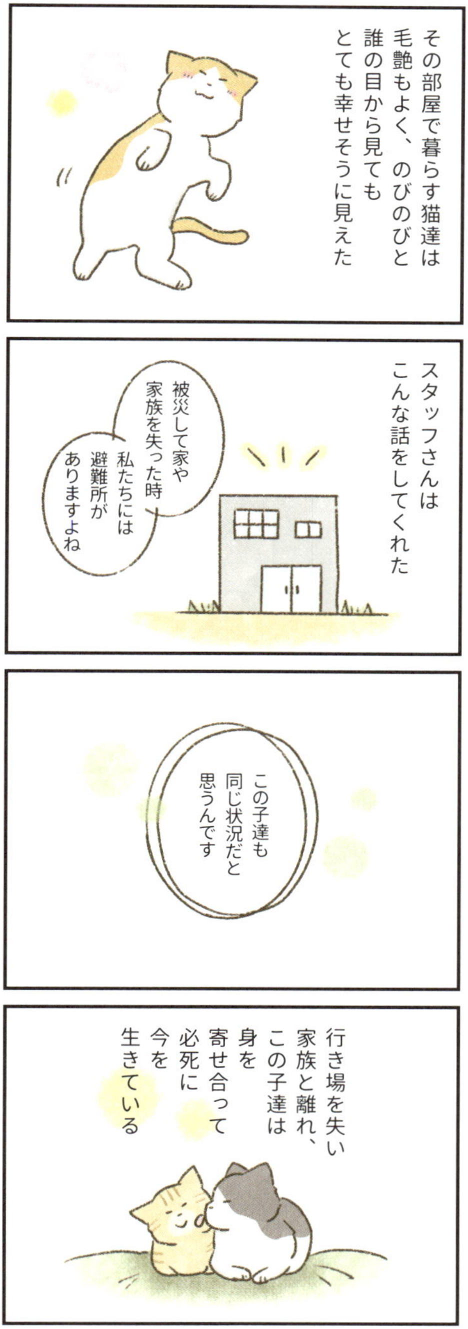
その部屋で暮らす猫達は
毛艶もよく、のびのびと
誰の目から見ても
とても幸せそうに見えた
スタッフさんは
こんな話をしてくれた
被災して家や家族を失った時
私たちには避難所がありますよね
この子達も同じ状況だと思うんです
行き場を失い
家族と離れ、
この子達は
身を
寄せ合って
必死に
今を
生きている

保護犬じゃなくて ごめんなさい ③

幸せそうに見えますが…
猫は本来、縄張り意識が強くそして群れでの生活をしません
この環境に対してストレスを感じる子は本当に多いんですよ

この部屋では百匹以上が一緒に生活をしています
アピール上手な子もいれば初めて見る人が怖くて隠れて怯えている子もいます

だからこそ
保護して終わりではなく里親さんまでつなげるというのは大切な活動なんです
シャキッ
尊敬

その後、私はその施設で働くことになった

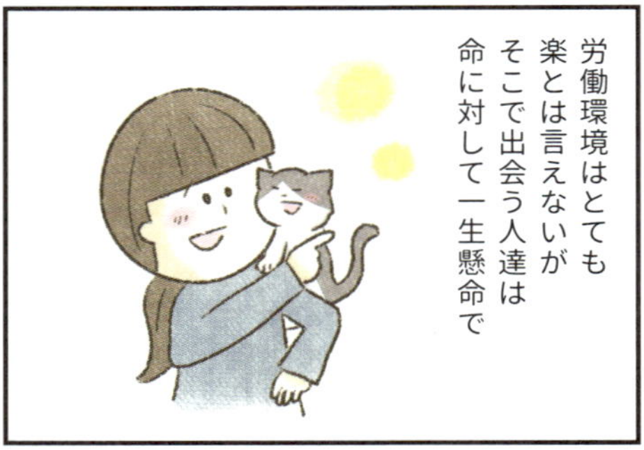
労働環境はとても楽とは言えないがそこで出会う人達は命に対して一生懸命で

多くの人の「守りたい」「助けたい」という温かな思いが集まっていた
犬猫のために
使って下さい!!

それでも鳴り止まない引き取り相談の電話
引っ越し先がペット不可で…

そして、多くを保護しても
その中で本当の幸せを
見つけられる犬達は
まだまだ少数だと感じた
この子にします！

日本では、
犬を飼う人の半数以上が
ペットショップから
迎えているという
データがある
¥400.000
SALE!

この高い壁の正体は
一体何だろうか

単純に売る人と買う人
そこで暮らす犬達を
知りたいと思った

保護犬じゃなくて ごめんなさい ④

保護施設を退職した後
次に選んだ職場は
ブリーダー犬舎だった
キャン
キャンッ

ある日、勤務中に
一匹の犬の
異変に気が付いた
?

ぐてっ…
体温が低いっ
オーナー大変です!!

あー その子何歳だっけ?
えっ
8歳ですけど…
あー…
今聞くこと?

うん
そのままケージに戻しておいていいよ
はい!?
死にますけど!?

でも…
もう8歳だから※フレブルだったら長生きした方だよ
それってあなたの感想ですよNE?
対処しなければ死ぬと思うんですけど
低体温症は年齢関係ないですよ
※たまさんデス
※フレンチブルドッグ

もういいや…適当にやっててちょっと外に出てくるから
あとよろしく
ガチャ
論破ァァァ

って…こうしてる場合じゃないっ
バサッ
応急処置イイ!!
ブオォ…

保護犬じゃなくて ごめんなさい ⑤

翌日…
むくり…
ダァーーッ
ヨカッタ

おー
ちゃんと体力戻ったんだね
ハイッ
どん!
謝るのは私にではなく
犬に謝るんだな

フレブルは売れると高いからね〜!
はい!?

えっ この子まだ産ませるんですか!?
シニアですよ!?
まだ元気だからね

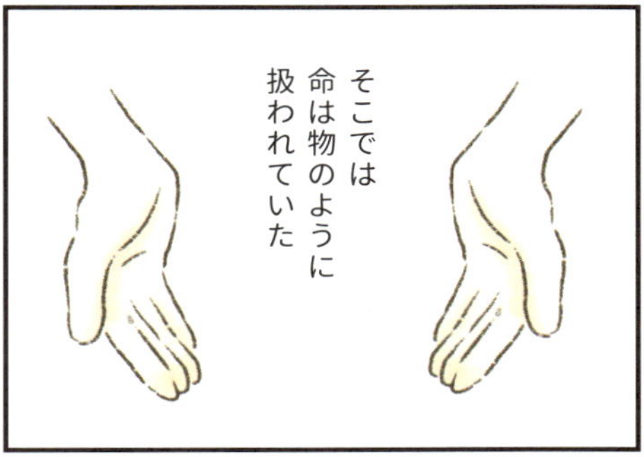
そこでは命は物のように扱われていた

助かったよ
ありがとう

こんなにまで気分の悪い「ありがとう」を言われたのは初めてだった

保護犬じゃなくてごめんなさい⑥

「家族」がいなければ「飼い主」がいなければ犬猫はいつまでも犠牲者だと思っていた

だけど、その後の動物病院での勤務をきっかけに
先生
フィラリアですね…腹水が溜まってます

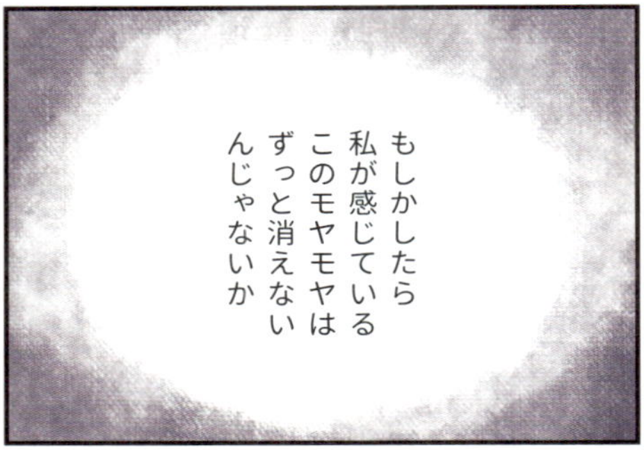

保護犬じゃなくて ごめんなさい ⑦

でも私は知ってしまったんだ
教科書には載っていない「命」の正体を
ニャー
思いやることの温かさを
先日、知人が犬を購入した
あずきって名前にしたの
保護犬じゃなくてごめんね
イヤイヤ…
なぜ私にあやまる…
後日…
夜鳴きが続いてて…
トイレの失敗も多くて
甘噛みって放っておいてもいいのかな?
どうしたらいいのー!?
キャー
てんこもり
あーでこーで…
なるほど!!
血統書付きの子犬でこんなに大変なんだから
保護犬ってもっと大変なんだろうね
すごいなあ

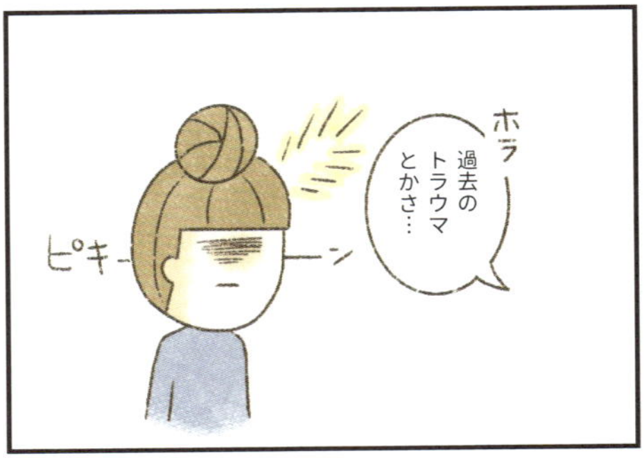
ホラ
過去のトラウマとかさ…
ピキーン

保護犬じゃなくて ごめんなさい ⑧

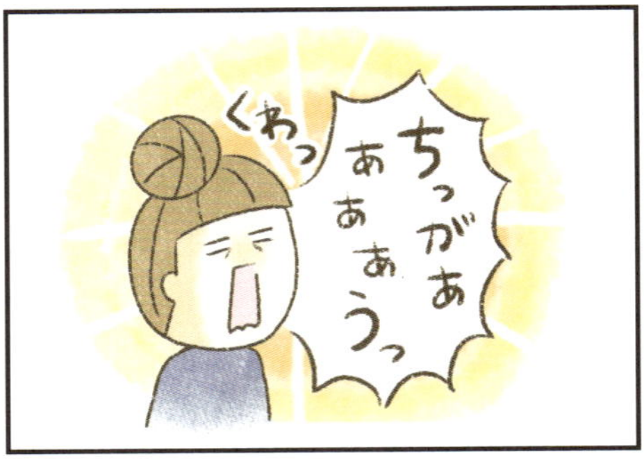
くわっ
ちっがああうっ

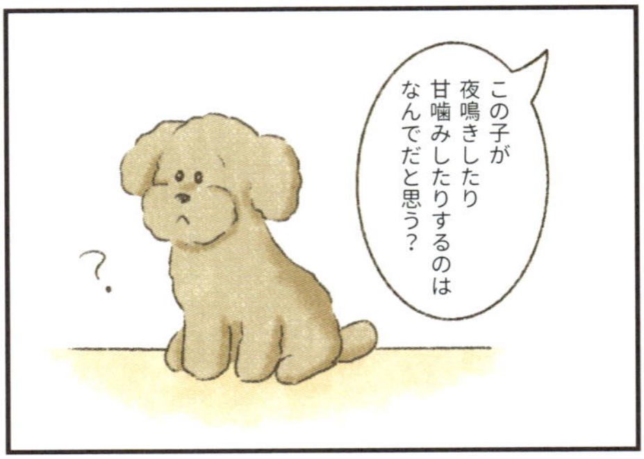
この子が夜鳴きしたり甘噛みしたりするのはなんでだと思う？
?

……子犬だから？
とか？
ちっがああうっ

犬や猫は通常、最低でも生後4か月まで母親や兄弟と共に暮らし、社会性を学んでゆく

だけど、販売されるペットの多くは早くから母犬や兄弟犬達と離されるため必要とされる社会性を学ぶことなく店頭に並ぶんだ

生後2か月の子犬は人間でいうと3歳児くらいだと想像してみて

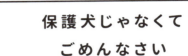

保護犬じゃなくて
ごめんなさい
⑨
親兄弟が必要な時期に
知らない環境や
人間達に囲まれたら
どうしていいか
不安になるのも当然だ
この子が
今していることは
私達人間からしたら
「問題行動」と呼ばれる
けれどそれは
何らかの自分自身の
主張であったり
何らかの不安の
表れだったりする
つまりこの子は
自分が今、
どうしたらいいのか
分からないから
思うがままに
行動しているだけ
うるっ
そっかぁ
そうだった
んだね〜
何だか
かわいそうな
ことしちゃって
たんだね…
すっ…
でも
今こうして
向き合おうと
してくれてる
でしょ？

保護犬じゃなくて ごめんなさい ⑩

片方を選ぶということは
選ばれなかったもう一方が
存在するということ
目を向けるのは
批判的なコメントや
誰かの発言じゃなく
そこにいる大切な
家族であってほしい
だからこそ、
目の前のその子が
幸せでいられるように
しっかりと向き合う
責任があると思うんだ
そして、
誰よりも胸を張って
生きてほしいと思う
その子を
幸せにできるのは
大きな施設でも
飼育経験豊富な人でも
知識に長けた人でもなく
だって今、
その子の目に映るのは
あなただけなのだから
今、
目の前にいる
たったひとつの
家族だけということを
最期まで忘れないで
いてほしい

この本を手に取ってくださった皆様
本っっ当にありがとうございますぅぅ!!
中には辛く、目を背けたくなるシーンもあったかと思います
うぅぅ…
作者も泣きながら描いておりました…
それでも最後まで読んでくださった皆様には感謝の気持ちしかありません
深々ああ!!
ふぁ…
暗く悲しいイメージが根深く残っている「保護」や「愛護」の世界ですが
そんな中でも前向きに生きる彼らから幸せを感じることのほうが多く
ペロッ
そのことを伝えたいと思い7年前からSNSで投稿を続けてきました
今作は、『たまさんちのホゴイヌ』『たまさんちのホゴネコ』に続き、なんと3冊目の出版となりました
たまさんちのホゴネコ
たまさんちのホゴイヌ
そして、この1冊が完成するまでには多くの人の支えがありました
たまさんちのホゴイヌ
2

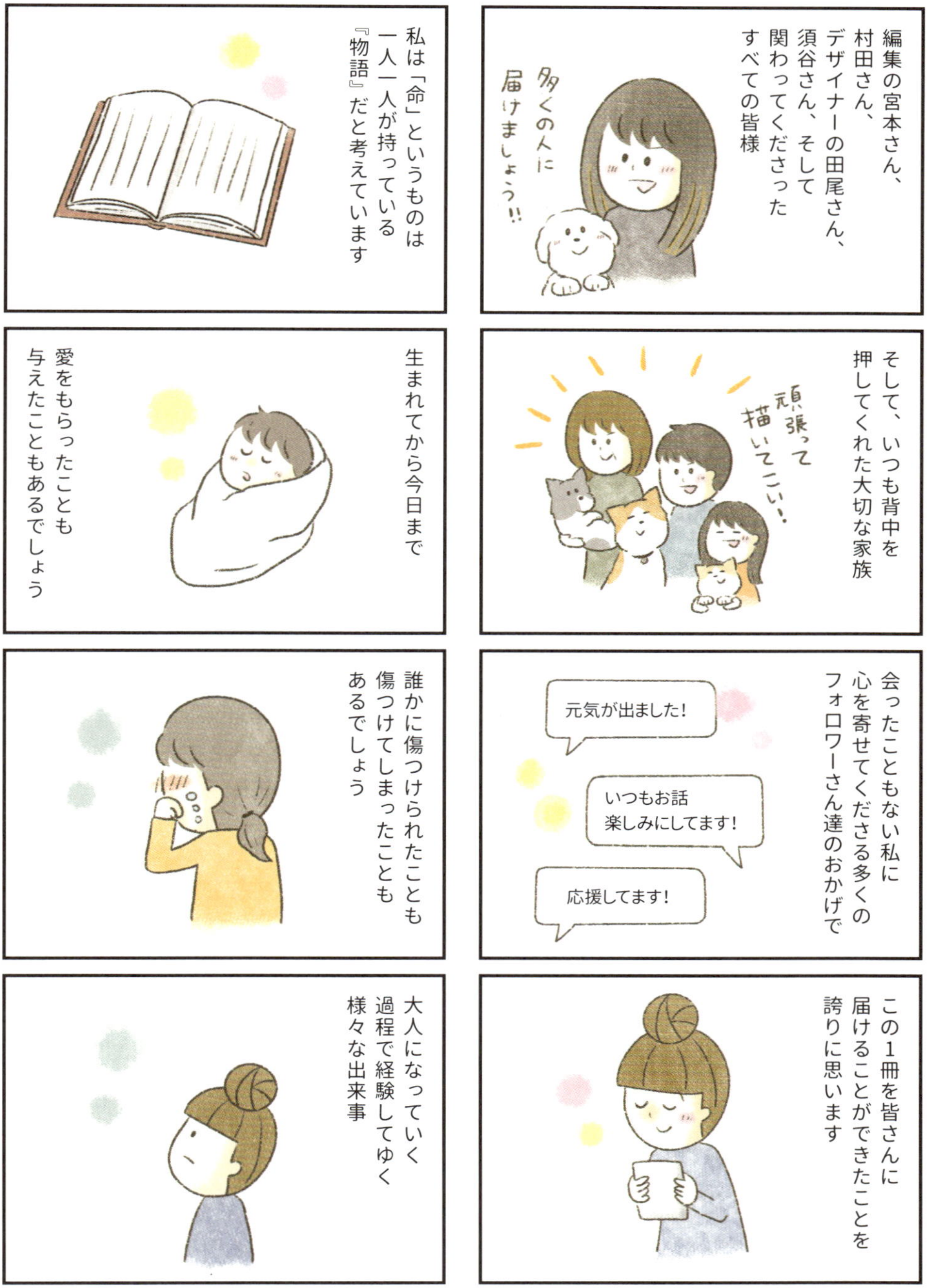

編集の宮本さん、
村田さん、
デザイナーの田尾さん、
須谷さん、そして
関わってくださった
すべての皆様
多くの人に届けましょう!!
そして、いつも背中を
押してくれた大切な家族
頑張って描いてこい!!
会ったこともない私に
心を寄せてくださる多くの
フォロワーさん達のおかげで
元気が出ました!
いつもお話
楽しみにしてます!
応援してます!
この1冊を皆さんに
届けることができたことを
誇りに思います
私は「命」というものは
一人一人が持っている
『物語』だと考えています
生まれてから今日まで
愛をもらったことも
与えたこともあるでしょう
誰かに傷つけられたことも
傷つけてしまったことも
あるでしょう
大人になっていく
過程で経験してゆく
様々な出来事

そのすべては自身が
繋いできた『物語』
であると私は思います
そしてあなたの『物語』は
誰よりもあなたを支え、
味方であり続けて
くれるでしょう
同じものなんて
一つたりとも存在しない
あなただけの大切な『物語』
卒業
別れ
出会い
そして、
あなただけの
物語があるように
にゃー
偶然目の前に現れた
犬や猫達にも
それぞれの物語が
きっとあるでしょう
にゃー…
その物語は
目には見えません
だからこそ、
命は尊く
美しいのだと思うのです
生きることは時として
辛く、大変なことも
多いです

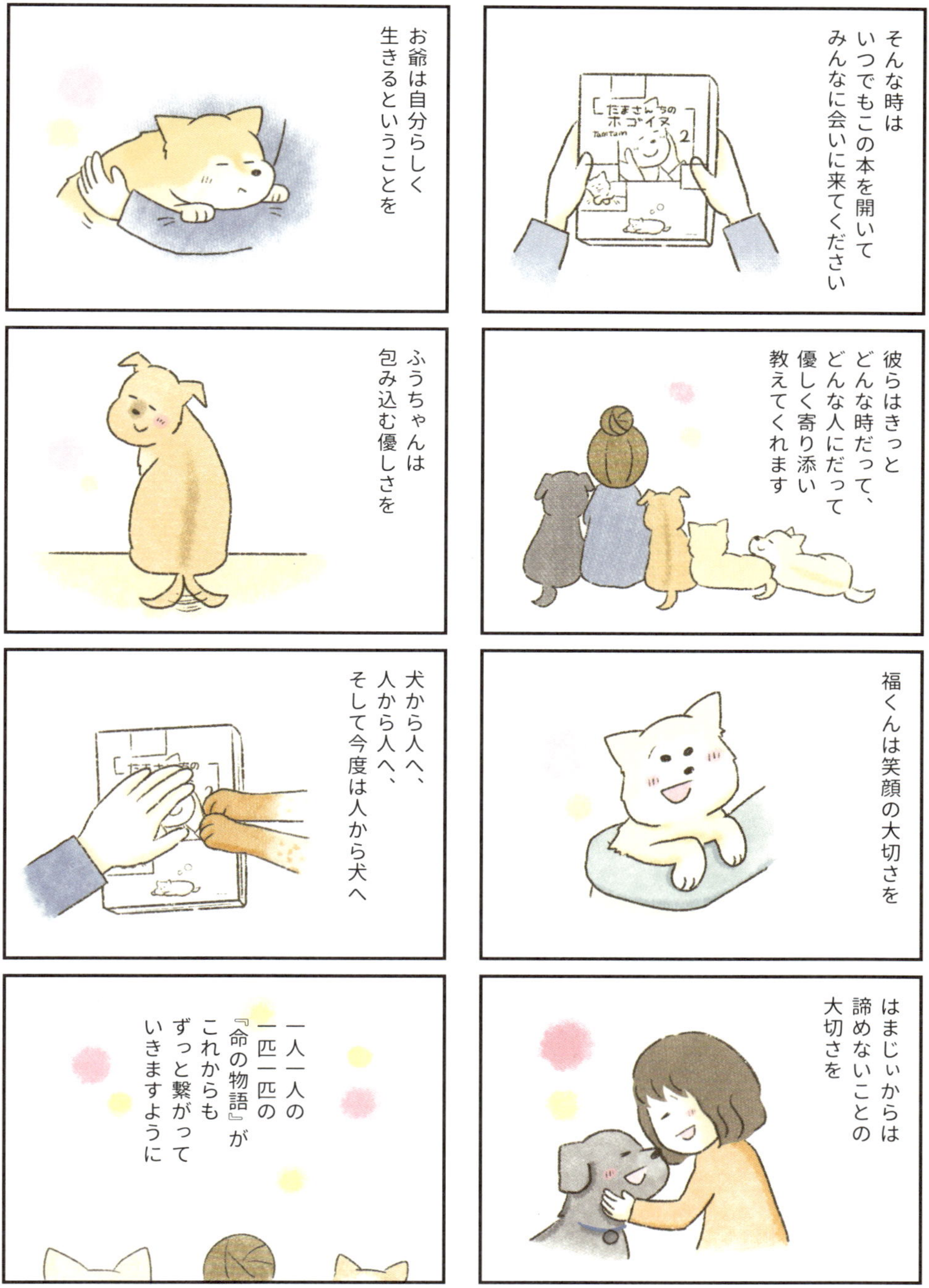
そんな時は
いつでもこの本を開いて
みんなに会いに来てください
たまさんちの
ホゴイヌ
2
彼らはきっと
どんな時だって、
どんな人にだって
優しく寄り添い
教えてくれます
福くんは笑顔の大切さを
はまじぃからは
諦めないことの
大切さを
お爺は自分らしく
生きるということを
ふうちゃんは
包み込む優しさを
犬から人へ、
人から人へ、
そして今度は人から犬へ
一人一人の
一匹一匹の
『命の物語』が
これからも
ずっと繋がって
いきますように

初版購入特典オリジナル壁紙（スマホ用、PC用）の
ダウンロードはこちらから！
※2026年2月28日まで公開予定です。

https://my.ebook5.net/sekaibunka-5115/hogoinu2/
ユーザ名：hogoinu2　　パスワード：hogoinu2tokuten

Staff

著 _ tamtam《タムタム》

アートディレクション&デザイン _ 田尾知己
営　業 _ 木村明希子
広　報 _ 石井洋子
進行管理 _ 中谷正史
校　閲 _ 株式会社 円水社

協　力 _
ふうちゃんのおかーしゃん、田中さんご家族、はまじぃの家、
佐世保市動物愛護センターの皆様、アニマルポート長崎の職員の皆様、
かいづ動物病院、たまさんサポーターの皆様
林 美彩

編集協力 _ 村田理江
編　集 _ 宮本珠希

本書の売上げの一部は、保護犬の支援活動などを行っている団体に寄付されます。

たまさんちのホゴイヌ2

発　行　日：2025年3月10日　初版第1刷発行

著　　　者：tamtam
発　行　者：波多和久
発　　　行：株式会社Begin
発行・発売：株式会社世界文化社
〒102-8190　東京都千代田区九段北4-2-29
TEL：03-3262-4136（編集部）
TEL：03-3262-5115（販売部）

D　T　P：株式会社アクティナワークス
印刷・製本：大日本印刷株式会社

ISBN　978-4-418-25502-3